JN414742

크리에이티브 업스타일

Creative Upstyle

권기형 · 정웅경 · 오지영

메디시인

머 리 말

본 교재는 미용예술 및 뷰티스타일 관련학과 실정에 맞는 새로운 내용 교육역량강화사업 등에 맞는 최신 경향의 업스타일 내용이며, 실제 교육기관에서 활용되는 학술서 또는 산업업현장에 필요한 교육을 진행하기 위한 의도로 2021년 최신판으로 새로운 구성의 교재로 집필되었습니다.

책의 구성은

Chapter1. 교과목 프로파일, 강의 계획서 비평가자 자가진단&교수평가를 수록하였습니다.

Chapter2. 크리에이티브 업스타일의 이론으로 업스타일의 디자인의 요소, 얼굴형에 어울리는 디지인&디자인의 결정, 크리에이티브 업스타일 기초 테크닉&응용 테크닉과 창의력을 끌어낼수 있는 디자인 발상을 수록하였습니다.

Chapter3. 크리에이티브 업스타일 실습에서는 실습에 들어가기 전 학습자가 분석하는 방법을 통해 크리에에티브 업스타일을 이해하도록 하였고, 분석을 통한 실습으로 정확한 크리에이티브 업스타일을 수행하는데 도움을 주고자 하였습니다. 또한 상위와 하위로 나누어 수록하였습니다.

본 교재의 최신 트랜드의 크리에이티브 업스타일을 습득하면 산업현장에서 요구하는 인재가 될 것임을 확신합니다.

업스타일을 어려워하거나 포기하는 미용인들에게 좋은 지침서가 되길바라며, 예술적 감각과 창의력 개발에 도움이 되기를 희망합니다. 아울러 이책이 발간될 수 있도록 도움주신 출판사 관계자에게 깊은 감사의 마음을 전합니다.

신축년 입추에

저자 일동

차례

Contents

차례

Contents

차례

Chapter 1

크리에이티브 업스타일

1. 교과목 프로파일
2. 강의 계획서
3. 비평가자 자가진단 및 교수평가

주차별 진도 및 평가

1. 교과목 FROFILE

교과목	크리에이티브 업스타일
교과개요	고객의 미적 요구를 충족하기 위한 헤어 미용 서비스로 고객의 외형적 특징, 트렌드등을 반영하여 적합한 디자인을 설계하고 다양한 테크닉과 예술성을 기본으로 신체조건 및 시술 목적에 맞게 창의적인 업스타일을 완성하는 능력이다.
교과목표	• 크리에이티브 업스타일 이미지를 시각화하여 업스타일 테크닉을 유추하여 분석하는 능력을 키울 수 있다. • 분석한 업스타일 기법을 활용하여 크리에이티브 업스타일을 완성하는 능력을 키울수 있다. • 고객의 특성과 상황을 고려하여 다양한 기법을 응용한 업스타일을 제작할 수 있다. • 헤어 싱, 헤어 망, 헤어 악세사리 등을 활용하여 창의적인 업스타일을 연출할 수 있다. • 디자인의 균형과 조화를 체크하고 보정할 수 있는 헤어 스타일링 제품을 사용하여 업 스타일을 마무리할 수 있다.
교육방법	강의법, 실험실습법, 문제해결식 수업
수업진행방식	• 학습자가 중심이 되어 이미지를 시각화하여 업스타일 연출 시 필요한 구성요소들을 찾아내는 분석하는 시간을 갖는다. • 학습자는 분석한 업스타일의 구성요소들을 상기시켜 연출과정을 충실히 이행한다.

2. 강의 계획서

1. 강의계획서 Syllabus

교과목	크리에이티브 업스타일	학수번호		학점 및 주당시간	3
이수구분	전공	학년		연구실/연락처	
담당교수		시수(이론/실습)		교육장소	
수강제한	베이직, 어드밴스 업스타일 과정을 이수한 사람			E-mail	

교과목 설명	교과개요	고객의 미적 요구를 충족하기 위한 헤어 미용 서비스로 고객의 외형적 특징, 트렌드등을 반영하여 적합한 디자인을 설계하고 다양한 테크닉과 예술성을 기본으로 신체조건 및 시술 목적에 맞게 창의적인 업스타일을 완성하는 능력이다.
	교과목표	• 크리에이티브 업스타일 이미지를 시각화하여 업스타일 테크닉을 유추하여 분석하는 능력을 키울 수 있다. • 분석한 업스타일 기법을 활용하여 크리에이티브 업스타일을 완성하는 능력을 키울수 있다. • 고객의 특성과 상황을 고려하여 다양한 기법을 응용한 업스타일을 제작할 수 있다. • 헤어 싱, 헤어 망, 헤어 악세사리 등을 활용하여 창의적인 업스타일을 연출할 수 있다. • 디자인의 균형과 조화를 체크하고 보정할 수 있는 헤어 스타일링 제품을 사용하여 업 스타일을 마무리할 수 있다.
수업 진행방식	교수학습법	이론강의, 실습, 발표, 토론, 팀티칭, 포트폴리오
	교수매체	시각, 청각, 시청각, 인쇄, 상호작용
	(학습모듈) 장비 및 도구	인쇄물, PPT, 컴퓨터, 빔프로젝터, 업스타일 실기도구일체 드라이보, 드라이기, 아이론기, 브로우드라이롤, 핀셋, 꼬리빗, 세트빗, 브러시, 빗, 업스타일핀일체, 업스타일용마네킹, 홀더등 스프레이, 악세사리

적용비율	시험성적 %		출석, 기타 %	
	중간고사 %	기말고사 %	출석점수 %	과제점수 %
평가방법				
교재 및 참고도서 또는 추천도서				
저 자	출판년도	서명	출판사	출판지
권기형, 정웅경,오지영				

2. 주차별 진도 계획

주차별 진도 계획 및 내용				
주	주별주제	수업계획 및 내용	수업 진행 방식	수업 준비물
1	크리에이티브 업스타일 이론 (어드밴스 복습)	• 업스타일의 개념에 대해 알 수 있다. • 업스타일의 종류에 대해 알 수 있다. • 업스타일 디자인 요소에 대해 알 수 있다.	강의 토론	교재, 필기도구
2	크리에이티브 업스타일이론 (어드밴스 복습)	• 업스타일의 디자인의 결정에 대해 알 수 있다. • 얼굴형에 맞는 디자인을 이해할 수 있다. • 프론트 형태에 따른 이미지에 대해 알 수 있다.	강의 토론	교재, 필기도구
3	크리에이티브 업스타일 이론	• 업스타일의 도구 및 제품에 대해알 수 있다. • 크리에이티브 업스타일의 기본 테크닉에 대해 알 수 있다. • 크리에이티브 업스타일의 응용 테크닉에 대해 알 수 있다.	강의 토론	교재, 필기도구
4	디자인 발상	• 크리에이티브 개념에 대해 이해할 수 있다. • 아이디어 발상단계를 설명할 수 있다. • 디자인 발상법에 대해 설명할 수 있다.	강의 토론	교재, 필기도구
5	크리에이티브 업스타일 실습 상위1 (분석)	• 이미지 사진을 보고 수업 할 업스타일에 대해 분석할 수 있다.	강의 토론	교재, 필기도구
6	크리에이티브 업스타일 실습 상위1 (실습)	• 상위 업스타일을 준비할 수 있다. • 상위 업스타일을 진행할 수 있다. • 상위 업스타일을 마무리할 수 있다.	실습	교재, 업스타일 도구일체

주차별 진도 계획 및 내용				
주	주별주제	수업계획 및 내용	수업 진행 방식	수업 준비물
7	크리에이티브 업스타일 실습 상위2 (분석)	• 이미지 사진을 보고 수업 할 업스타일에 대해 분석할 수 있다.	강의 토론	교재, 필기도구
8	크리에이티브 업스타일 실습 상위2 (실습)	• 상위 업스타일을 준비할 수 있다. • 상위 업스타일을 진행할 수 있다. • 상위 업스타일을 마무리할 수 있다.	실습	교재, 업스타일 도구일체
9	크리에이티브 업스타일 실습 상위3 (분석)	• 이미지 사진을 보고 수업 할 업스타일에 대해 분석할 수 있다.	강의 토론	교재, 필기도구
10	크리에이티브 업스타일 실습 상위3 (실습)	• 상위 업스타일을 준비할 수 있다. • 상위 업스타일을 진행할 수 있다. • 상위 업스타일을 마무리할 수 있다.	실습	교재, 업스타일 도구일체
11	크리에이티브 업스타일 실습 하위1 (분석)	• 이미지 사진을 보고 수업 할 업스타일에 대해 분석할 수 있다.	강의 토론	교재, 필기도구
12	크리에이티브 업스타일 실습 하위1 (실습)	• 하위 업스타일을 준비할 수 있다. • 하위 업스타일을 진행할 수 있다. • 하위 업스타일을 마무리할 수 있다.	실습	교재, 업스타일 도구일체
13	크리에이티브 업스타일 실습 하위2 (분석)	• 이미지 사진을 보고 수업 할 업스타일에 대해 분석할 수 있다.	강의 토론	교재, 필기도구
14	크리에이티브 업스타일 실습 하위2 (실습)	• 하위 업스타일을 준비할 수 있다. • 하위 업스타일을 진행할 수 있다. • 하위 업스타일을 마무리할 수 있다.	실습	교재, 업스타일 도구일체
15	크리에이티브 업스타일 실습 하위3	• 이미지 사진을 보고 수업 할 업스타일에 대해 분석할 수 있다. • 하위 업스타일을 준비할 수 있다. • 하위 업스타일을 진행할 수 있다. • 하위 업스타일을 마무리할 수 있다.	강의 토론	교재 , 필기도구, 업스타일 도구일체

3. 비평가자 자가진단 및 교수평가

진단 평가서			
담당교수		교과목명	크리에이티브 헤어업스타일
학 번		이 름	

능력단위요소	진단 문항	자가진단				
		매우 미흡	미흡	보통	우수	매우 우수
크리에이티브 업스타일 분석	1. 업스타일 이미지사진 분석하여 업스타일의 이미지를 유추할 수 있다.	①	②	③	④	⑤
	2. 업스타일 사진을 분석하여 볼륨이 연출되는 위치를 찾아낼 수 있다.	①	②	③	④	⑤
	3. 업스타일 사진을 분석하여 업스타일에 사용된 기법을 찾아낼 수 있다.	①	②	③	④	⑤
	4. 업스타일에 어울리는 얼굴형을 분석할 수 있다.	①	②	③	④	⑤
	5. 이미지 사진을 분석하여 블로킹, 토대등 다양한 기법을 유추할 수 있다.	①	②	③	④	⑤
크리에이티브 업스타일 준비하기	1. 나는 고객의 얼굴형과 특성을 고려 하여 창의적인 업스타일을 디자인할 수 있다.	①	②	③	④	⑤
	2. 나는 업스타일을 위한 전 작업 헤어세트, 드라이, 아이론등을 할 수 있다.	①	②	③	④	⑤
	3. 나는 다양한 기법을 활용하여 두상 에 업스타일의 볼륨을 창의적으로 연출할 수 있다.	①	②	③	④	⑤
	4. 나는 헤어 싱, 헤어 망, 헤어피스, 헤어액세서리를 활용하여 창의적인 업스타일을 연출할 수 있다.	①	②	③	④	⑤

능력단위요소	진단 문항	자가진단				
		매우 미흡	미흡	보통	우수	매우 우수
크리에이티브 업스타일 진행하기	1. 나는 고객의 얼굴형과 특성을 고려하여 창의적인 업스타일을 디자인 할 수 있다.	①	②	③	④	⑤
	2. 나는 다양한 크리에이티브 응용 기법을 활용하여 창의적인 업스타일을 연출할 수 있다.	①	②	③	④	⑤
	3. 나는 헤어 싱, 헤어 망, 헤어피스, 헤어 액세서리를 활용하여 창의적인 업스타일을 연출할 수 있다.	①	②	③	④	⑤
	4. 나는 상위 하위의 다양한 창의적인 업스타일을 연출할 수 있다.	①	②	③	④	⑤
크리에이티브 업스타일 마무리하기	1. 나는 헤어스타일링 제품을 사용하여 업스타일을 마무리할 수 있다.	①	②	③	④	⑤
	2. 나는 헤어액세서리와 소품을 활용하여 디자인을 조화롭게 마무리할 수 있다.	①	②	③	④	⑤
	3. 나는 디자인의 균형과 조화를 체크하고 보정할 수 있다.	①	②	③	④	⑤
	4. 나는 창의적인 업스타일 디자인을 새롭게 창출할 수 있다.	①	②	③	④	⑤

– 진단결과 –

능력단위요소	문항수	합계점수(개인)	평균(점수÷문항수)
크리에이티브 업스타일 분석	5		
크리에이티브 업스타일 준비하기	4		
크리에이티브 업스타일 진행하기	4		
크리에이티브 업스타일 마무리하기	4		

Chapter 2

크리에이티브 업스타일 이론

Week 1

어드밴스의 이해

학습 내용(단원명)	수업 목표
크리에이티브 업스타일 이론(어드밴스의 이해)	• 업스타일의 개념에 대해 알 수 있다. • 업스타일의 종류에 대해 알 수 있다. • 업스타일 디자인 요소에 대해 알 수 있다.

1. 업스타일의 개념

1. 업스타일의 정의

업스타일의 사전적 의미는 '머리를 묶거나 빗어 높이 올려 두상의 한 위치에서 여러 형태의 스타 일을 연출하고 목선을 드러내는 여자의 머리모양 또는 여자의 머리 꾸밈새 '라고 정의한다. 보통 업 스타일이라 하면 시뇽 스타일처럼 올림머리만을 생각하기 쉬우나 사전적 의미를 살펴보면 정확하게 정의 하기는 어렵다. 업 스타일의 표현적 이미지는 우아함과 여성스러움, 로맨틱 등을 표현하는 헤어 연출 방법 중 한 분야이다.

업스타일은 모발의 곡선과 직선, 면을 이용하여 입체감을 연출할 수 있으며 심미적인 아름다움과 여성스러움을 표현할 수 있는 예술적 표현인 동시에 우아함과 아름다움을 극대화한 조형예술이라 할 수 있다.

블로우 드라이, 세팅기, 아이론 등을 이용해 웨이브를 만들거나 물리적 영향을 주지 않는 상태에서 밴드와 핀으로 두상 부분에서 형태를 이룰 수 있으며, 스타일링 제품을 이용하여 고정할 수 있는 효과를 가지고 있다. 그리고 모발을 빗어 묶거나 핀으로 고정하고 컬을 이용하여 다양한 선과 면을 통한 3차원적인 입체 효과를 나타내어 두상의 일부 또는 전체에 특정한 형태를 조성하는 헤어스타일링이라 할 수 있다.

2. 크리에이티브 업스타일의 정의

크리에이티브 업스타일은 살롱에서 한복을 입을 때, 결혼식, 파티등 경조사가 있을 때 위로 올려 볼륨감을 주거나 네이프에 볼륨감을 주어 입체감 있게 표현하여 화려함을 극대화 시키는 헤어스타일링이다. 기본적적 기법으로는 꼬기, 매듭, 겹치기, 땋기, 루프, 롤등을 응용하여 다양한 스타일의 크리에이티브 업스타일을 만든다.

이러한 크리에이티브 업스타일들은 때와 장소에 따라 스타일이 다양하게 나타나는데 머리를 여러 가닥으로 나누어 모양을 구성하거나 틀어 올려 마지막에 연출되는 머리끝의 모양을 말하며, 업스타일의 균형미를 표현하기 위한 방법으로 사용된다.

두상의 어느 곳에 위치하는지에 따라 균형미가 다르게 표현되며 S형태이거나 원형으로 표현되는 우아하거나 클래식한 시뇽 업스타일, 아이롱으로 웨이브 형태를 만든 후 모발의 상위 부분을 반을 꼬거나 핀을 꽂아 포인트를 만들어 주어 모던하거나 캐주얼한 하프 업스타일, 웨이브를 이용하여 길게 늘어뜨린 모양으로 머리 길이를 그대로 살려 자연스럽게 올리는 롱 내츄럴 업스타일, 결혼식 때 신부가 하는 가장 대표적인 업스타일로 볼륨감을 주되 과장되지 않고 자연스럽게 올리는게 특징 웨딩 업스타일로 장소에 따라 개성이 강조된 부드러우면서도 내츄럴한 현대적 감각과 세련미로 도시적이며 활동적인 느낌을 주고 있다.

3. 크리에이티브 업스타일의 종류

① 웨딩 업스타일 : 약혼식, 스튜디오 촬영, 결혼식 등의 행사 목적으로 하는 업 스타일로 신부의 개성과 트렌드에 맞는 다양한 업스타일을 연출한다.

② 파티 업스타일 : 파티의 성격과 드레스를 고려하여 드레스에 어울리는 업스타일을 연출하고 업스타일에 어울리는 메이크업과 다양한 헤어 액세서리를 활용하여 완성한다.

③ 한복 업스타일 : 전통적인 일반 한복을 입는 경우에는 너무 큰 볼륨감이나 복잡한 다자인은 자제하여 고전적이고 단아한 이미지의 업스타일을 연출한다.

④ 연주회 업스타일 : 각종 연주회 등의 특정 목적을 위한 업 스타일로 행사의 특성이나 연주자의 개성이 드러날 수 있는 업스타일을 연출한다.

⑤ 기타 업스타일 : 이 밖에 한복과 드레스를 동시에 입기도 하고, 원피스 등 일상복을 입을 때의 업 스타일이 있으며, 돌잔치, 환갑 잔치, 면접, 촬영 등의 목적에 따른 업 스타일을 연출한다.

4. 이미지에 따른 크리에이티브 업스타일

① 엘레강스 이미지: 여성의 성숙미와 화려한 이미지를 강조할 수 있는 디자인으로 다양한 헤어 액세서리와 소품 등을 활용하여 업스타일 디자인

② 로맨틱 이미지: 앞머리 디자인이나 볼륨의 스타일에 따라 사랑스러운 여성미를 표현할 수 있는 업스타일 디자인

③ 내츄럴 이미지: 자연스럽고 굵은 웨이브를 활용하여 최대한 느슨하게 올려 부드러운 이미지를 살려 주는 업스타일 디자인

④ 모던 이미지: 컬이나 웨이브를 많이 사용하지 않고 최대한 심플하고 깔끔하며 현대적이고 도시적인 이미지를 연출하는 업스타일 디자인

⑤ 클래식 이미지: 업스타일의 기본 기법을 활용하여 단아하고 고전적인 이미지를 연출하는 업스타일 디자인

2. 업스타일 디자인의 요소

1. 업스타일 디자인의 요소

(1) 두상의 포인트 명칭

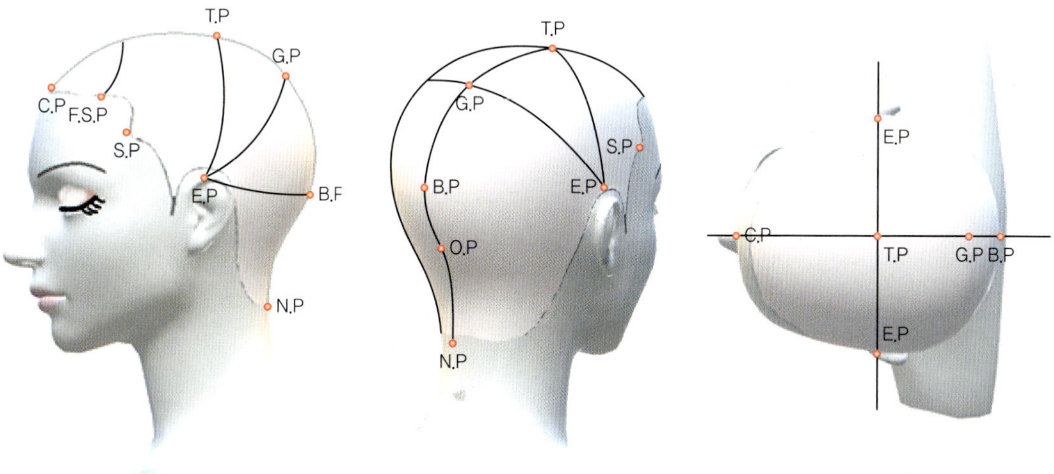

센타 포인트(S.P : Center Point)	이마 중앙의 모발 경계선 지점
프런트 사이드 포인트 (F.S.P : Pront Side Point)	센터 포인트에서 우측으로 수평하게 연장하여 모발 경계선과 만나는 지점
사이드 포인트(S.P : Side Point)	F.S.P와 S.C.P의 중간지점
이어 포인트(E.P : Ear Point)	귀의 상부에 위치하는 모발 경계선
탑 포인트(T.P : Top Point)	두상의 상부 중앙의 가장 높은 부분에 위치한 지점
골덴 포인트(G.P : Golden Point)	턱선에서 S.C.P를 지나는 직선이 연장되어 두상의 곡면과 만나는 지점
백 포인트(B.P : Back Point)	귀의 상부에서 수평으로 연장되는 직선이 두상의 곡면과 만나는 지점
옥시피탈 포인트 (O.P : Occipital Point)	B.P와 N.P의 중간지점으로 후두부뼈 지점
네이프 포인트(N.P : Nape Point)	목덜미에서 모발의 형성이 끝나는 지점

(2) 두상의 5등분 명칭

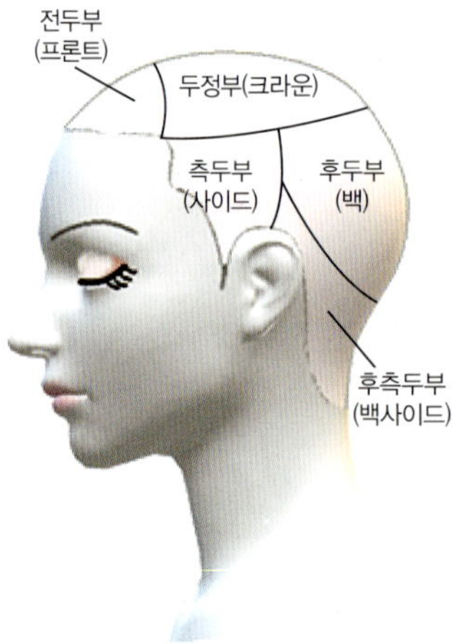

2. 업스타일 디자인 구성요소

(1) 형태-모양과 크기 Shape&Size , 방향 Direction

업스타일의 형태란 윤곽선이나 실루엣의 형체, 겉모습을 말하며, 형태에는 모양과 크기, 방향으로 이루어져있다. 모양과 크기에는 구형, 반구형, 장구형으로 구분되며, 방향은 천체축, 수평, 수직, 대각으로 구분된다.

① 모양과 크기 Shape & Size

원(Circle) : 디자인 내에 위치에 따라서 길이, 넓이, 높이가 균등한 비율의 구형인 둥근 원형이다.

오브레이트(Oblate) : 길이보다 옆으로 넓이가 확장된 편구형인 타원형이다.

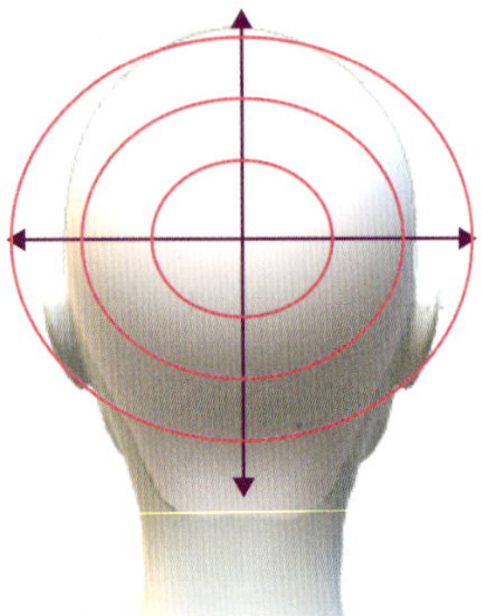

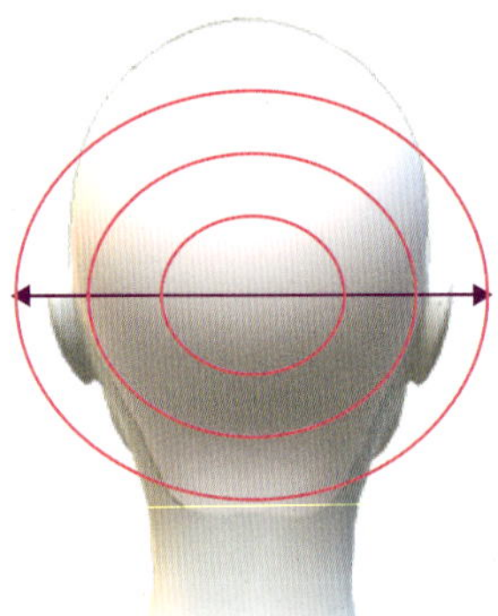

프로레이트(Prolate) : 세로 길이와 높이가 위로, 또는 아래로 확장된 타원형인 장구형이다.

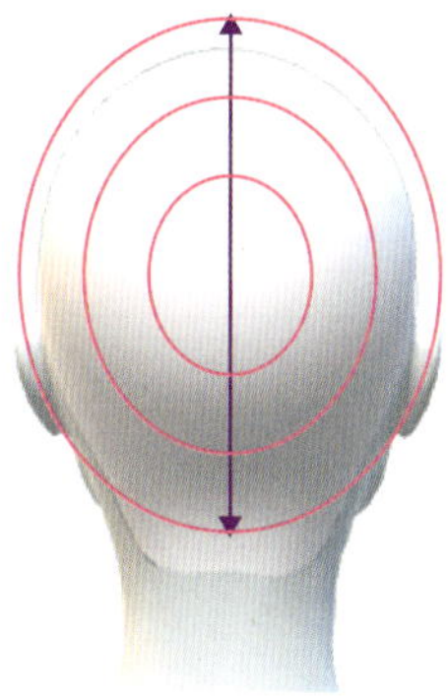

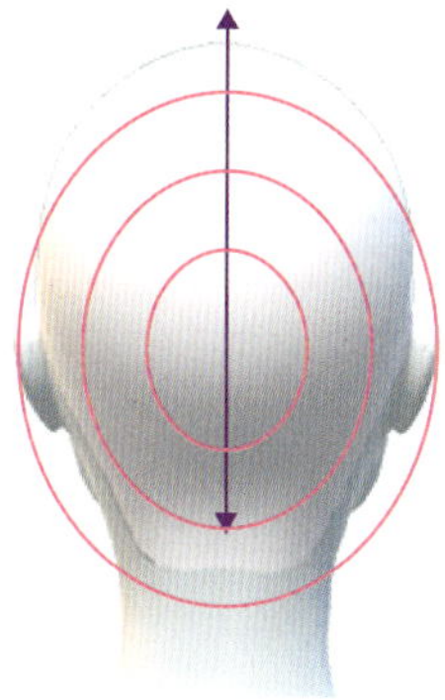

② 방향 Direction

형태의 방향은 디자인 내의 모양이나 볼륨의 위치에 따라 달라진다. 곡선 직선으로 구성되는 천체축은 형태의 방향을 분석하는데 큰 도움을 준다.

디자인 내의 머리 방향은 움직임을 뜻하며 디자인의 역동성에 중요한 역할 즉, 업스타일 디자인이란 단지 모양을 조합한 것이 아니라 시각적 효과를 계획한 것으로 시각적 효과는 형태 내에서 모양과 방향의 상호작용에 의존한다.

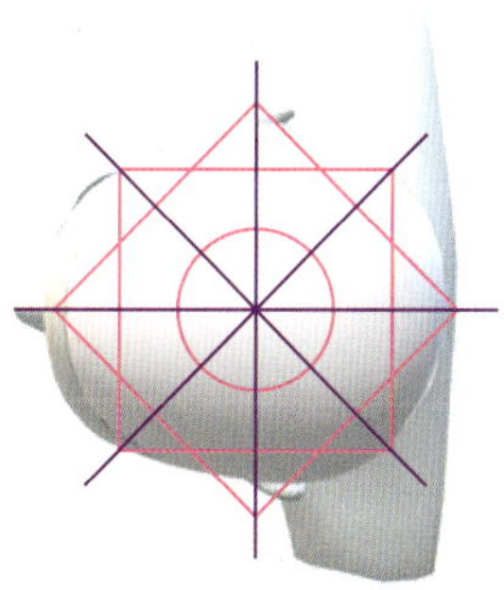

천체축

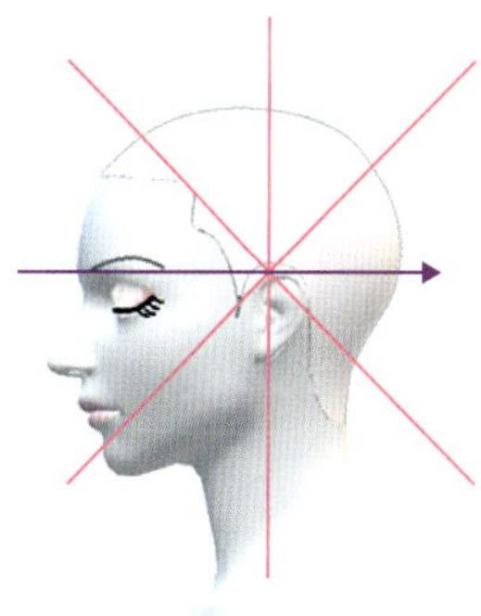

수평

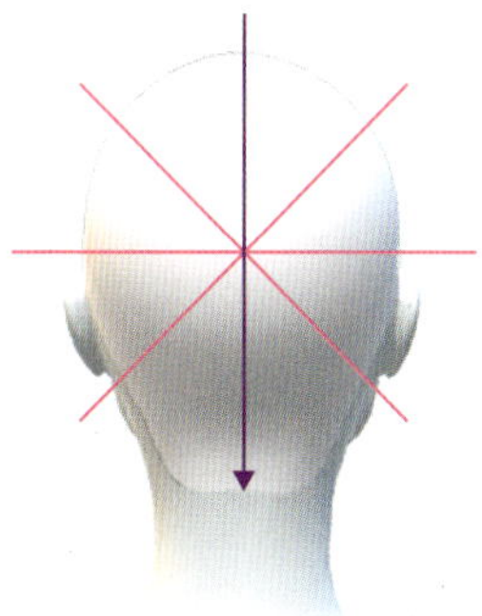

수직

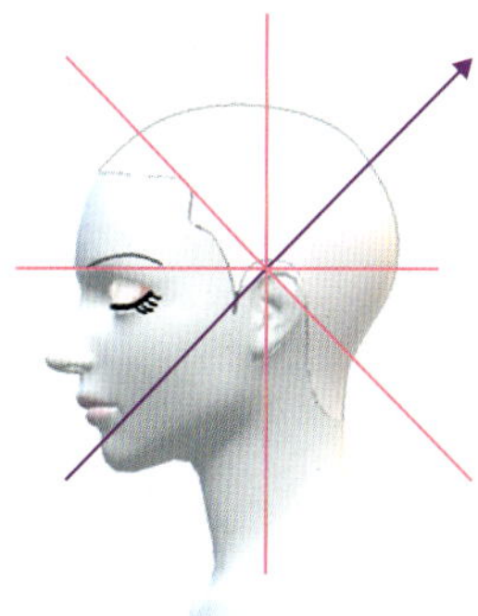

대각

(2) 질감 Texture

질감이란 어떤 표면의 모습이나 매끈한 정도의 느낌을 말한다. 컬의 기법과 양은 결과적으로 나타나는 질감에 영향을 미친다.

① 언 엑티베이티드Un Activated : 매끈한 질감, 고리로 말거나 둥글게 감은 모발

② 엑티베이티드Activated : 겉 표면이 패턴화된 거친 질감, 땋거나, 꼬거나, 매듭 기법

③ 혼합형Combination : 거칠은 패턴과 매끄러운 모양이 섞여서 업스타일 된 상태

(3) 컬러 Color

컬러는 디자인의 깊이와 면적, 질감의 착시현상을 일으키는 빛의 반사를 더하는 요소이다. 디자인 내의 특정한 부분으로 시선을 집중시켜줌으로써 방향을 내표하기도 한다.

① 어두운 색

어두운 색상은 더욱 깊이감이 있으며 전반적인 형태에 주위를 집중시킨다.

② 밝은 색상

형태 내의 모양이나 질감이 세밀하게 보인다.

③ 혼합 색상

디자인의 입체감을 더해 주며 질감의 착시효과 및 크기에 미치는 미묘한 색상의 변화는 웨이브의 방향을 강조 하거나 또는 모양을 분리시키기도 한다.

3. 업스타일 디자인 조형원리

① 반복 Repetition

한 가지 디자인 요소를 일정한 간격을 두고 반복적으로 배열시켜 율동감을 주는 것을 말한다.

② 율동 Movement

통일성을 전제로 한 동적인 변화로 너무 강조되는 율동보다는 미묘한 강약을 주어 은은하게 표현하는 것이 업스타일의 우아함과 세련된 멋을 유도한다.

③ 대조 Contrast

반대되는 색상, 크기, 짜임새 등이 서로 대조됨으로써 흥미 또는 긴장감을 형성하는 법칙이다.

④ 강조 Dominance

디자인의 형태나 직감, 색상등 특정한 한 부분을 드러나게 함으로써 그 외에 것은 두드러지게 표현하는 것을 말한다.

⑤ **교대** Alternation

두 개 혹은 그 이상의 요소가 반복적인 패턴으로 나타나는 연속적인 반복을 통해 디자인을 연출하는 것을 말한다.

⑥ **균형** Balance

양쪽의 대칭 또는 비대칭의 두 가지 형태로 구별할 수 있으며, 위치상으로 수평적 균형, 수직적균형, 방사선 균형으로 나눌 수 있고, 이미지에 따라 동적 균형 혹은 정적 균형으로 표현 무게에 대한 균형이 깨졌을때 조화로움이 깨지고 불안정해 보인다.

⑦ **조화** Harmony

두 가지 이상의 서로 다른 요소가 분리·배척되지 않고 각 요소가 통일감으로 감각적 효과를 발휘하는 미적 현상으로 기법의 통일성 또는 장식물에 통일성을 부여하여 조화를 이룬다.

⑧ **진행** Progressing

반복보다 동적인 이미지를 표현하며, 디자인 요소가 점점 늘어나거나 줄어들거나 하는 비율적 표현이라고 할 수 있다.

⑨ **부조화** Discord

기존의 고정관념에서 벗어나 서로 맞지 않고 밸런스가 틀어지도록 표현함으로써 새로운 매력을 느끼게 할 수 있다.

어드밴스 복습

학습 내용(단원명)	수업 목표
크리에이티브 업스타일 이론(어드밴스 복습)	• 업스타일의 개념에 대해 알 수 있다. • 업스타일의 종류에 대해 알 수 있다. • 업스타일 디자인 요소에 대해 알 수 있다.

1. 두상위의 점(포인트)의 이해

스타일을 연출하기 위해서는 두상에서의 점포인트 위치에 따라 다양한 이미지 변화를 창출할 수 있다. 스타일에서 점은 반드시 면의 흐름을 파생시키기 때문에 면의 흐름의 성격과 포인트의 위치와 모양과 크기에 따라 상호 조화에 영향을 미친다. 또한 장소와 목적, 의상에 따른 조화에도 필요한 요소라 할 수 있다. 포인트의 위치에 따라 형태의 미를 강조해서 감각적인 운동감과 유연성, 기대 심리에 대한 반대 흐름의 역동감을 얻는다. 비대칭 포인트의 경우 N.P에 시뇽을 만들 때 뒤로 흐르는 모류가 표현하고자 하는 이미지에 맞지 않을 경우, 상하의 두 흐름으로 나누어 표현한다.

① 프론트의 포인트 : 열정,화려, 관능, 쾌활, 명랑

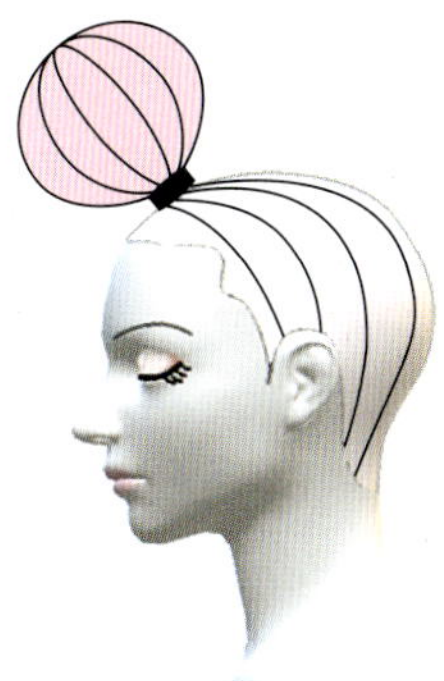

② 탑의 포인트: 화려,섹시, 열정, 적극

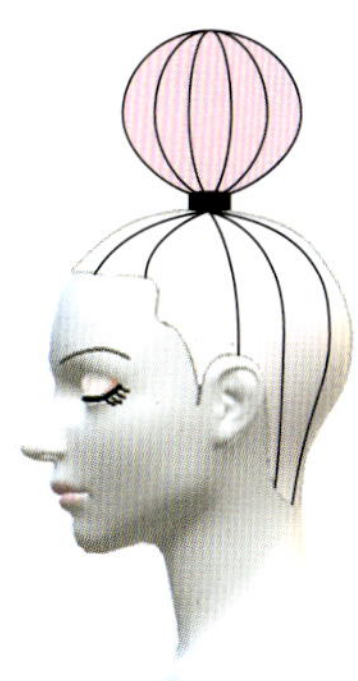

③ 골덴의 포인트 : 신비, 감각, 유연, 화려

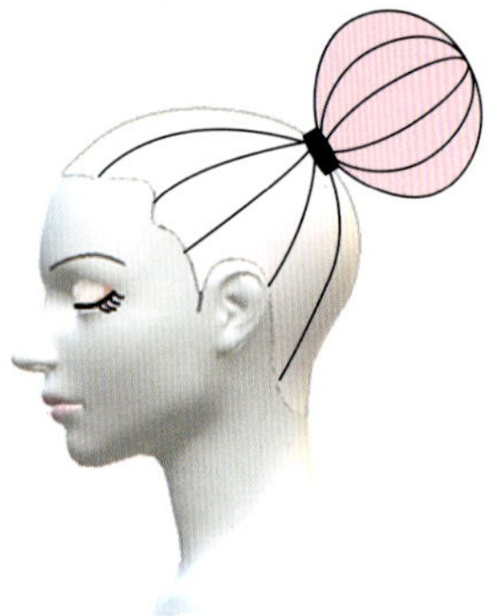

④ 백의 포인트 : 안정, 우울, 비애, 자의

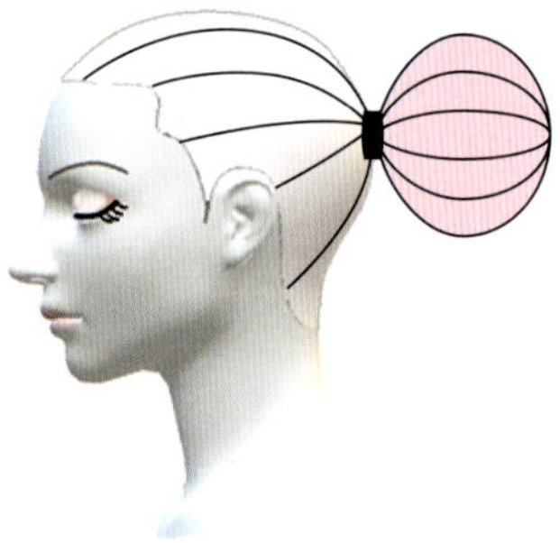

⑤ 네이프의 포인트 : 안정, 차분, 정직, 온화, 엄숙

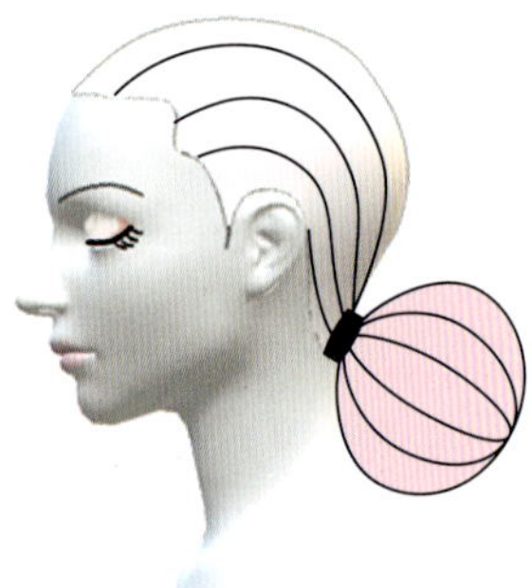

⑥ 비대칭의 포인트 : 유연, 안정, 세련, 감각

2. 얼굴형에 맞는 디자인의 이해

업스타일의 디자인을 결정함에 있어 가장 중요한 것은 고객 한 사람 한 사람에게 어울리는 디자인을 제안하고 만족시키는 것이다. 특히 얼굴의 형태에 따라 밸런스를 맞추는 것이 매우 중요하다. 따라서 얼굴형에 맞는 조형적인 업스타일을 표현하기 위해서 기본적으로 얼굴형의 요소에 대한 이해가 필요하다.

(1) 얼굴형에 맞는 디자인

① 둥근형 얼굴

얼굴형		특 징
	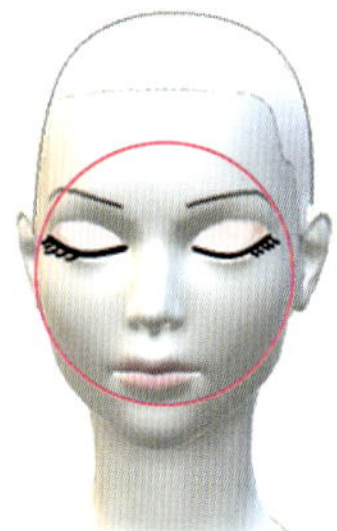	전체적으로 각이 지지 않고 프론트의 헤어라인과 턱선이 둥글고 얼굴 길이가 짧은 이미지
보완점		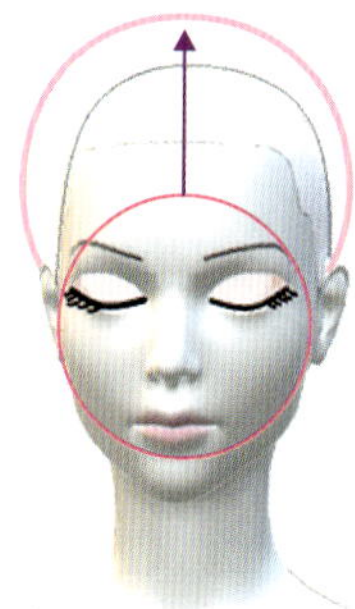
• 프론트는 볼륨감이 가미된 디자인, 또는 뱅을 연출하여 둥근형태 • 양 사이드의 볼륨을 축소시켜 얼굴을 좁아 보이게 • 컬을 살린 업스타일 연출		

② 사각형 얼굴

얼굴형		특 징
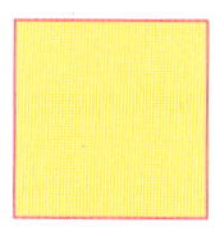	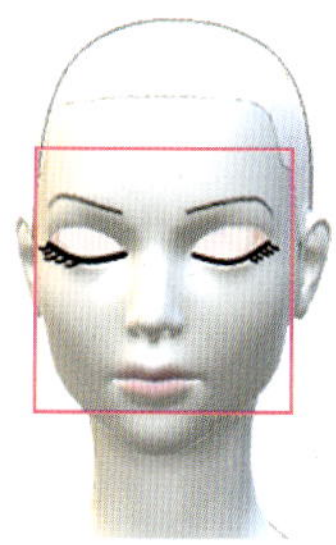	얼굴전체가 직선인 형태로 턱이 각지고 이마가 좁은 딱딱한 느낌의 이미지
보완점		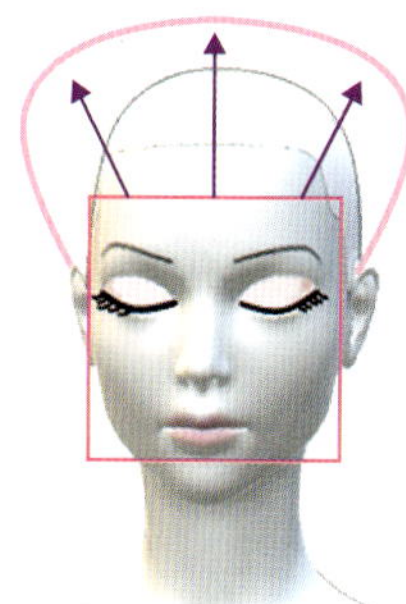
• 이마부분의 볼륨감과 둥그스런 입체감으로 표현 • 여성스러움이나 부드러움이 강조되도록 단정한 아우트라인보다는 잔머리를 자연스럽게 표현		

③ 삼각형 얼굴

<table>
<tr><th colspan="2">얼굴형</th><th>특 징</th></tr>
<tr><td></td><td>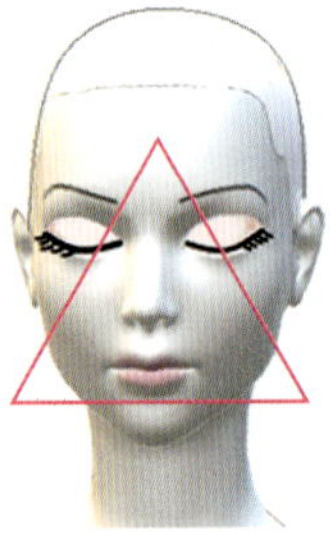</td><td>이마가 좁고 하관이 옆으로 넓게 퍼진 볼에 살이 많은 귀여운 이미지</td></tr>
<tr><th colspan="2">보완점</th><td rowspan="2">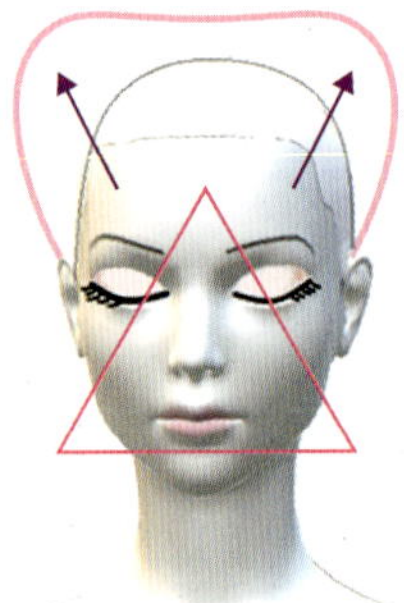</td></tr>
<tr><td colspan="2">• 턱보다는 위쪽으로 볼륨감을 증가시켜 아래보다 위로 갈수록 넓어지고 볼륨감 있는 아우트라인을 구성하여 넓은 턱의 형태를 보완
• 컬을 이용해 자연스럽게 얼굴윤곽을 커버</td></tr>
</table>

④ 역삼각형 얼굴

<table>
<tr><th colspan="2">얼굴형</th><th>특 징</th></tr>
<tr><td></td><td>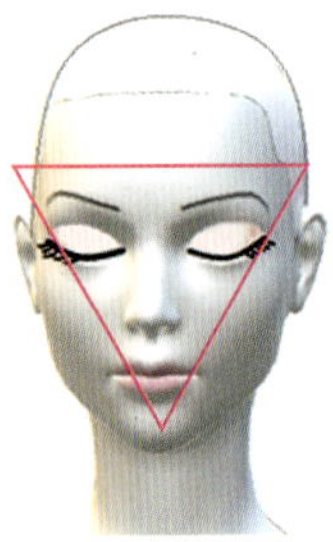</td><td>이마가 넓고 턱이 뾰족하여 볼에 살이 적어 스마트해 보이지만 다소 차가워 보이는 이미지</td></tr>
<tr><th colspan="2">보완점</th><td rowspan="2">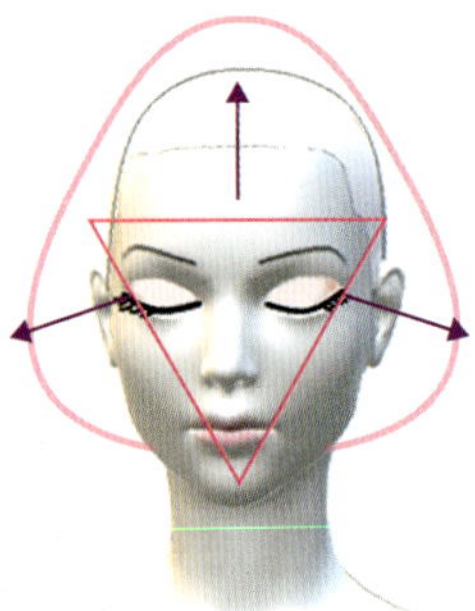</td></tr>
<tr><td colspan="2">• 위쪽의 이마 양사이드의 볼륨을 줄이고 아래 턱선 쪽은 볼륨을 증가시킴
• 아래쪽으로 시선을 오게끔 웨이브 연출</td></tr>
</table>

⑤ 마름모형 얼굴

얼굴형		특 징
	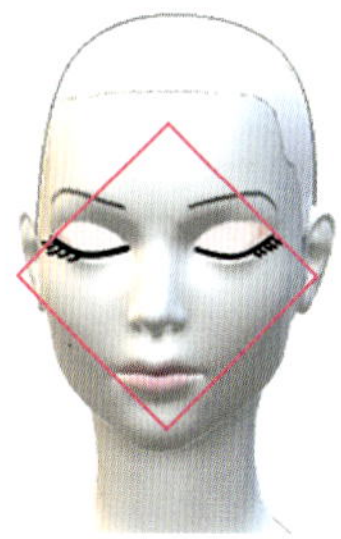	광대뼈가 넓고 이마와 턱선이 좁은 얼굴형으로 화려해 보이는 느낌을 줄 수 있으나 나이가 들어 보이기 쉬운 이미지
보완점		
• 이마쪽에 풍성한 볼륨감을 증가시키고 사이드 아래쪽도 볼륨감을 주어 달걀형의 얼굴형태를 만들어 준다.		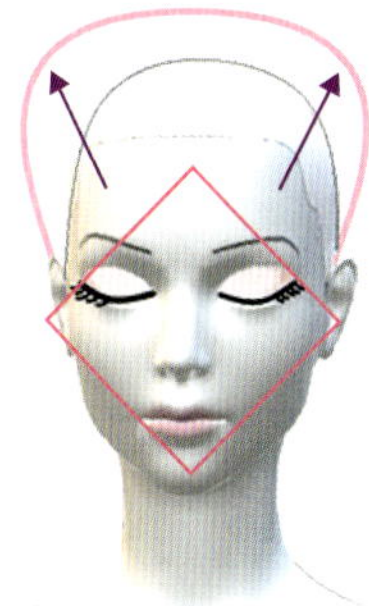

⑥ 장방형 얼굴

얼굴형		특 징
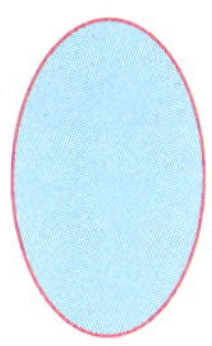	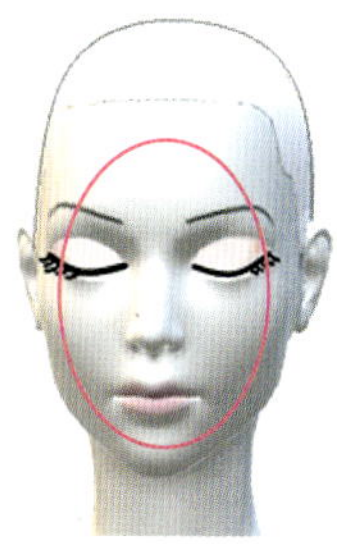	얼국의 가로 폭이 좁은 긴 얼굴형으로 이마 길이와 턱선의 길이가 긴 얼굴형이다. 날카로운 인상을 준다.
보완점		
• 탑부분에 볼륨을 억제하고 양사이드에 볼륨감을 증가시켜 얼굴이 짧아 보이고 넓어 보이도록 연출		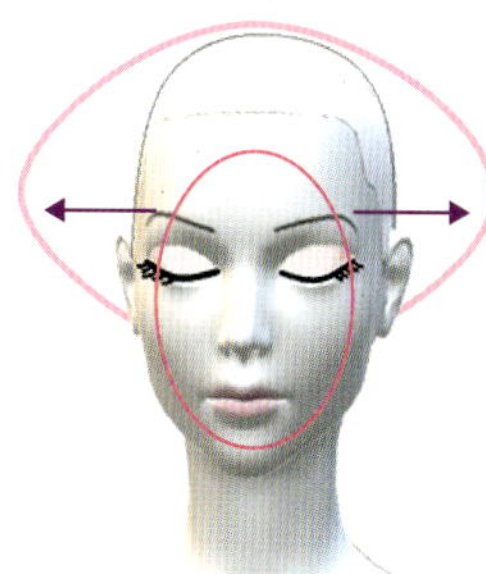

(2) 측면 얼굴형에 맞는 디자인

① 오목한 형의 얼굴

얼굴형	보완점	
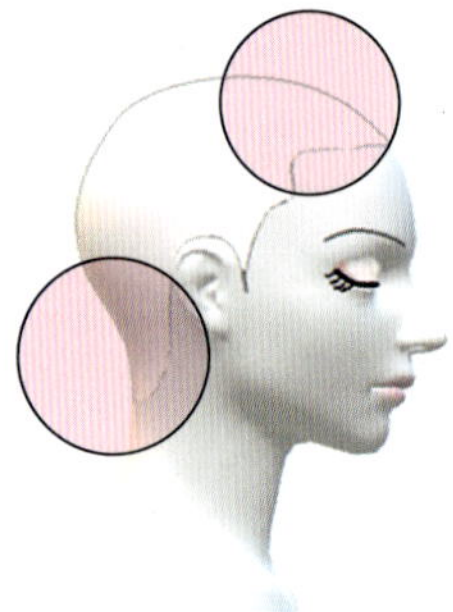	앞 이마의 머리카락에 컬을 주어 덮어주고 네이프 부분에 부드러운 볼륨을 주어 여성스러움 나타내어 준다.	
	특징	
	이마와 턱이 돌출된 얼굴형	

② 볼록한 형의 얼굴

얼굴형	보완점	
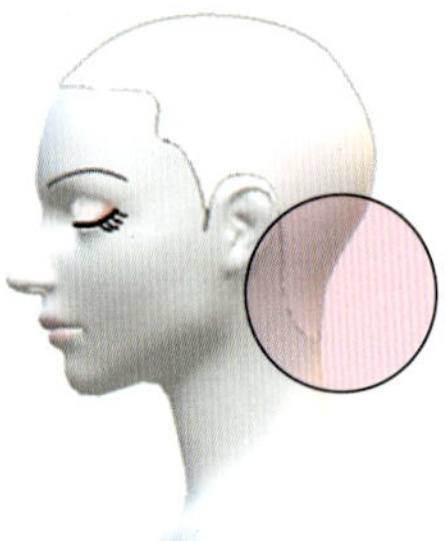	앞 이마에 컬이나 뱅을 만들어 가려주고 네이프의 양옆에 뱅을 끌어내어 연출	
	특징	
	이마와 턱이 들어가고 코가 튀어나온 얼굴형	

③ 낮은 이마, 돌출된 턱형의 얼굴

얼굴형	보완점	
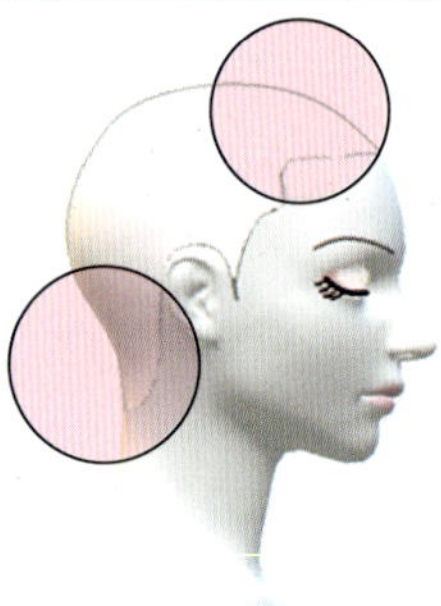	뱅이나 컬을 탑부분에 세워주고 네이프 부분에 부드러운 볼륨을 주어 연출	
	특징	
	이마가 낮고 좁으며 턱이 돌출된 얼굴형	

(3) 목 타입에 따른 디자인

짧고 굵은 목	가늘고 긴 목

앞 머리에 뱅을 높게 처리하고 크라운의 볼륨을 수직 라인으로 강조	부드러운 뱅이나 컬로 목 부 분을 덮어준다

3. 프론트 디자인의 이해

업스타일을 디자인할 때 앞머리 연출은 작품의 성격과 모델의 이미지를 결정적으로 좌우 할 수가 있다. 얼굴형과 가르마의 위치, 모발의 흐름 즉 가르마 방향에 따라 이미지가 좌우된다.

(1) 센타 가르마 Center Part

둥근 얼굴형에 어울리며, 단아한 이미지나 귀여운 이미지 연출에 용이하다. 분할의 효과가 있으며, 전반적으로 깔끔한 이미지를 연출한다.

45° 아래로 빗질을 하면 둥근 느낌으로 부드러운 이미지를 연출할 수 있다.

좌우 양쪽으로 90°방향으로 갈라서 빗질을 하면 정갈한 이미지를 연출할 수 있다.

좌우를 뒤로 빗질을 하여 넘기면 얼굴이 길어 보이는 효과가 난다.

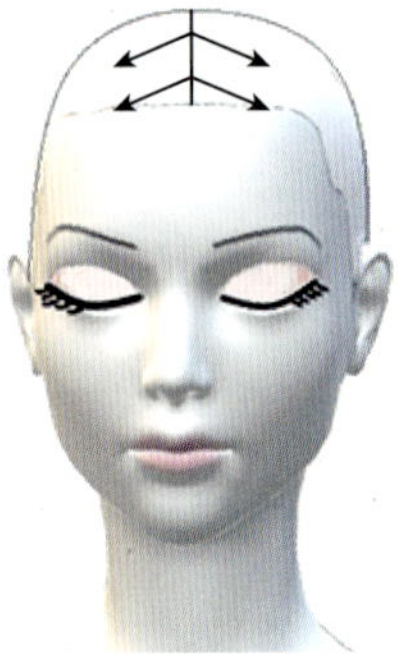

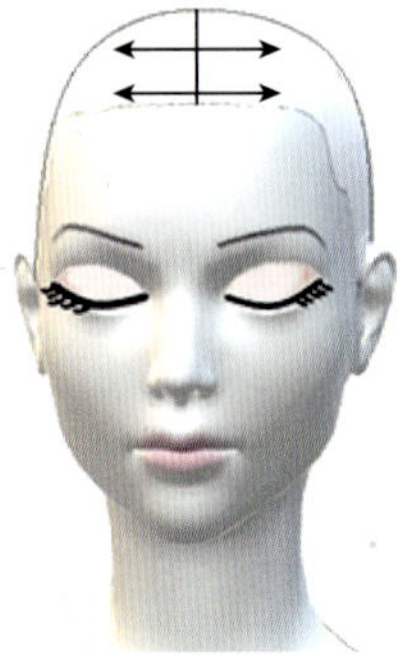

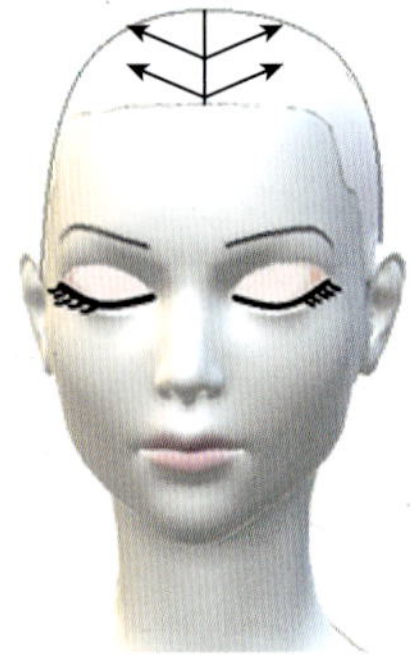

(2) 사이드 가르마 Side Part

일반적으로 둥근 얼굴형에 잘 어울리며, 모든 이미지를 무난하게 소화할 수 있다. 안정감을 주며, 경직되고 깔끔한 이미지를 연출할 수 있다.

왼쪽을 45° 이하로 내려 빗질하고 오른족을 90° 내려 빗질하면 어려보이는 효과가 난다.

양쪽을 모두 90°로 빗질을 심플하면서도 단아한 느낌의 이미지를 연출할 수 있다.

왼쪽을 40°로 빗질하고 오른쪽은 30° 뒤로 빗질하여 연출하면 시원한 느낌의 이미지를 연출할 수 있으나 나이가 들어 보이는 단점이 있다.

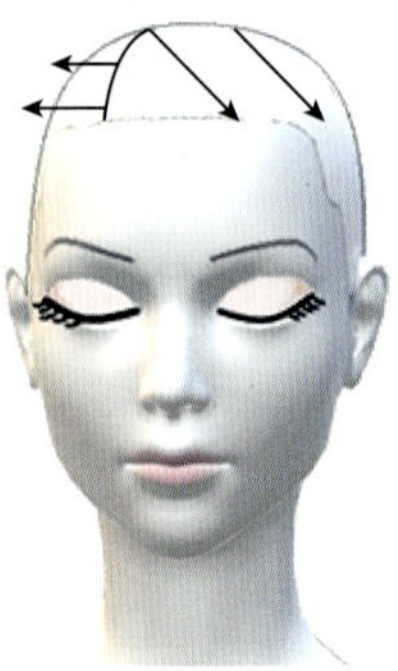

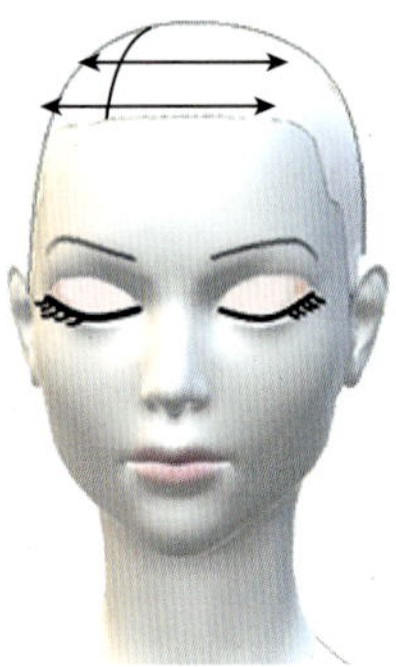

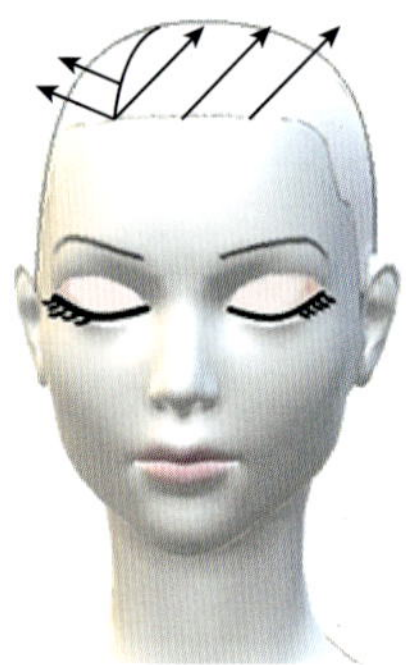

(3) 노 파트

각진 얼굴형에 잘 어울리며, 성숙하고 중후한 이미지를 연출하고자 할 때 사용한다.

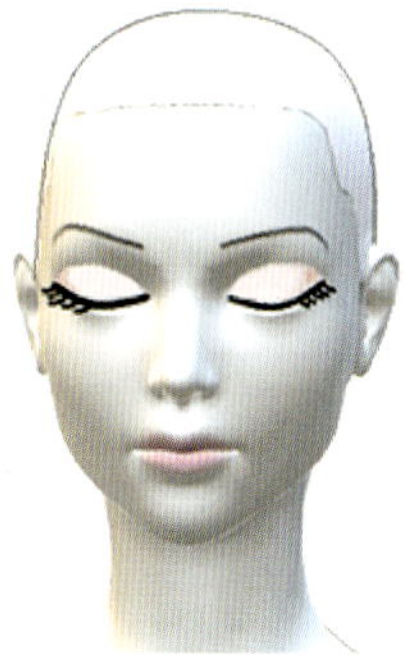

(4) 라운드 파트

각진 얼굴형에 잘 어울리며, 귀여운 이미지나 부드러운 이미지 연출하고자 할때 사용한다.

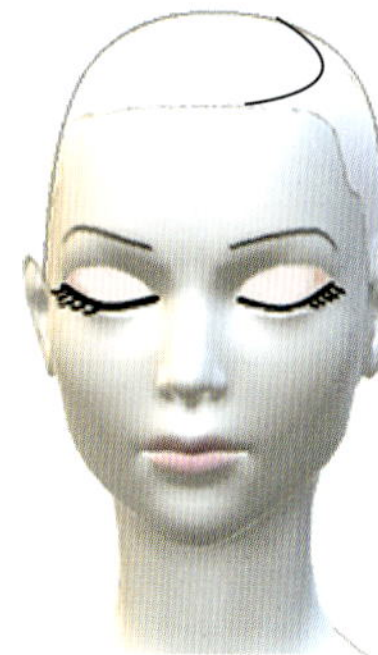

(5) 사선 가르마

둥근 얼굴형에 잘 어울리며, 강렬한 이미지 연출하고자 할 때 사용한다.

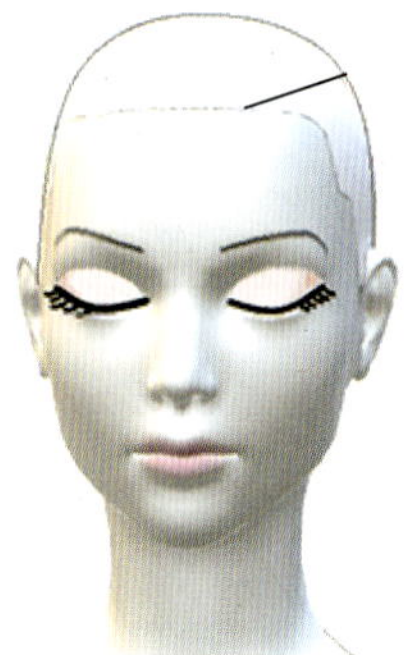

(6) 지그재그 가르마

둥근 얼굴형에 잘 어울리며, 귀엽고 특이한 이미지 연출하고자 할 때 사용한다.

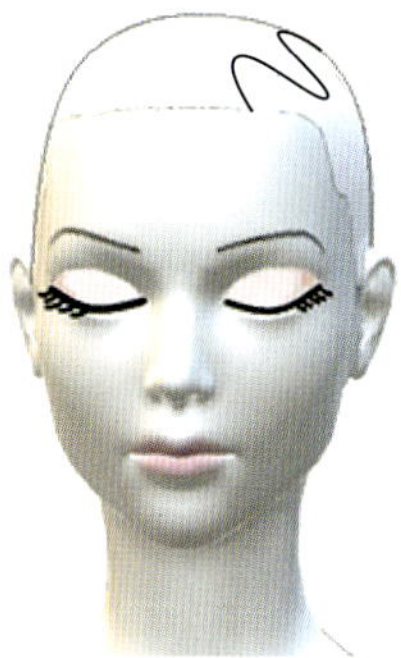

Week 3 크리에이티브 업스타일의 이해

학습 내용(단원명)	수업 목표
크리에이티브 업스타일 이론	• 업스타일의 도구 및 제품에 대해알 수 있다. • 크리에이티브 업스타일의 기본 테크닉에 대해알 수 있다. • 크리에이티브 업스타일의 응용 테크닉에 대해알 수 있다.

1. 업스타일의 도구 및 제품 및 사용법

1. 세팅기 종류 및 사용법

분류	제품	용도
전기 세팅기		• 전기의 열에 의해 웨이브를 연출하는 기구로 업스타일이 하기 전에 굵은 웨이브를 연출하는데 사용한다. • 주의사항 : 전기 세팅기의 온도가 약 110℃ 정도이며, 모발에 약간의 수분이 있는 상태에서 와인딩하면 빠르게 컬을 형성할 수 있어 편리하나 모발 끝이 꺾이지 않도록한다
찍찍이롤		• 가격이 저렴하고 시술시 모발이 흐트러지지 않도록 망으로 씌워 드라이로 건조한다. 시간이 다소 걸리는 단점이 있다.
롤러롤	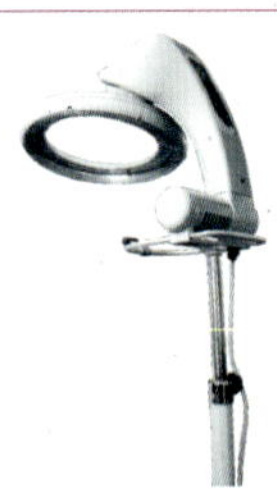	• 전기 세팅기나 찍찍이롤을 말은 상태에서 열을 가하여 웨이브가 빨리 나오도록 도와준다.

분류	제품	용도
드라이기	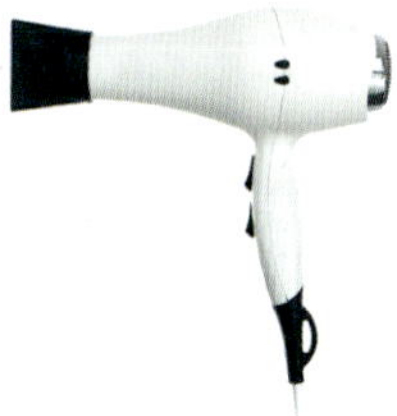	• 웨이브를 만들기 위해 보조도구로 열을 내는데 사용된다.
원형 아이론		• 웨이브 연출에 매우 유용한 기기이며, 용도에 맞게 다양한 사이즈의 아이론으로 원하는 웨이브의 크기를 조절하여 사용한다.
빗살 아이론		
반달 아이론		

2. 빗의 종류와 사용법

분류	제품	용도
꼬리빗		• 사용 빈도가 높은 도구로 모발을 빗거나 슬라이스를 뜨는 용도로 사용하며 촘촘한 빗의 특성으로 빽콤을 넣을 때와 형태의 변형 등에 사용
블로우 들라이 롤		• 드라이기 열을 이용해 컬을 만들고, 모발의 결을 정리할 때 사용한다.
덴맨 브러시		• 업스타일 시술시 볼륨과 스타일링 연출 시 사용한다.

분류	제품	용도
S브러쉬		• 업스타일 시술시 면을 정리하거나 사용 모발을 정리 정돈할 때 사용한다.
오발빗		• 오발 부분은 평평한 모발 다발을 흐름이 보이게 빗을 수 있다. • 업스타일 시술시 볼륨을 살려야 하는 부분에 백콤을 넣을 때 사용한다. • 업스타일 시술시 모발의 방향을 유도할 때 사용한다.
빼콤빗		

3. 핀의 종류 및 사용법

분류	제품	용도
업스타일용 핀셋		• 블로킹용 핀셋으로 유연성 있는 알루미늄 소재로 이루어져 있어 많은 양이건 적은 양이건 유용하게 고정할 수 있는 장점을 가지고 있다. • 라운드 형태로 모양을 바꾸어 둥그런 머리형태를 잡는데에도 용이하다.
핀컬 집게핀		• 업스타일 할 때 많이 쓰이는 핀셋으로 많은 양의 모발을 고정할 수 없지만 단단한 금속 소재로 강한 고정력을 가지고 있다. • 모량이 많고 무겁고 정교한 업스타일을 하는데에 효과적으로 사용할 수 있고, 모발에 압력을 가하는 여타의 무게가 없고 임시로 고정시킬 때 편리하게 사용할 수 있다. • 사용시 핀 자국이 남지 않도록 주의해야한다.

분류	제품	용도
실핀		• 일반적으로 가장 많이 사용하는 핀으로 대핀, 실핀, 스몰핀, 보비핀으로 용도에 따라 크기를 선정하여 사용한다. • 대핀은 핀중에서 가장 고정력이 뛰어나고 많은 양의 모발을 고정할 때 사용한다. • 실핀은 업스타일에서 가장 많이 사용하는 핀으로 면을 고정할 때 사용하는 핀이다. • 스몰핀과 보비핀은 고정력이 약하고 크기와 길이가 짧기때문에 적은 양의 모발과 힘이 부족한 모발에 고정할 때 사용한다.
U핀	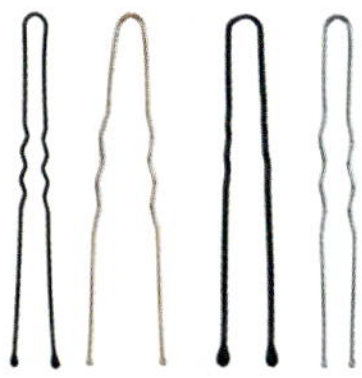	• 머리 형태를 만들어 가는 과정에 쓰이는 핀으로 많은 양의 모발을 감추거나 모발을 묶어 고정시킬 때 사용한다. • 시술자의 테크닉에 따라 머리 형태의 간격을 조절하여 형태를 일시 유지하는데 사용하며, 싱이나 망을 고정하거나 U핀의 형태를 바꾸어 다양한 목적으로 사용된다. 핀의 양끝을 5mm 정도로 꺾어서 갈고리를 만들어 고정·수정하여 사용한다.
고무줄		• 업스타일을 할 때에 토대를 잡거나, 모발을 묶거나, 고정시킬 때 사용한다.
헤어망		• 모발의 양이 적을 때, 많을 때, 부분적으로 볼륨을 주고자 할 때 망에 싱을 넣어 사용한다.
헤어피스		• 헤어피스 줄피스, 롤피스, 아코디언, 댕기, 쪽머리 등 다양한 종류의 피스가 있으며, 모발이 짧거나 양이 적거나 포인트를 줄 때 사용한다.

4. 업스타일의 제품 및 사용법

분류	제품	용도
헤어 스트레이		• 스프레이는 업스타일의 마무리 단계에 쓰이는 제품으로 헤어스타일을 정돈한 후 스타일을 지속적으로 유지시키기 위해 사용한다.
헤어 광택제		• 광택제는 모발에 윤기와 광택을 주어 헤어스타일의 완성도를 높이기 위해 사용한다.

2. 업스타일 기본 테크닉

1. 백콤 Back comb 하기

① 원하는 각도로 모발을 들어주고 백콤이 시작될 곳을 한손으로 고정한다.

② 다른손으로 꼬리빗을 모발 가까이 거꾸로 세운다.

③ 꼬리빗을 세워진 머리와 직각이 되도록 하여 미끄러지듯이 직각으로 빗질을 하며 내려온다.

④ 꼬리빗이 두피 가까이에 오면 두피와 밀착시킨다. 첫 백콤은 잘 들어가지 않으나 여러 번 반복한다.

⑤ 백콤은 모발을 두피 방향으로 밀어 넣는 방법으로 볼륨을 넣거나, 방향, 면의 연결, 토대, 핀 고정 등 여러 가지 목적에 따라 이용된다.

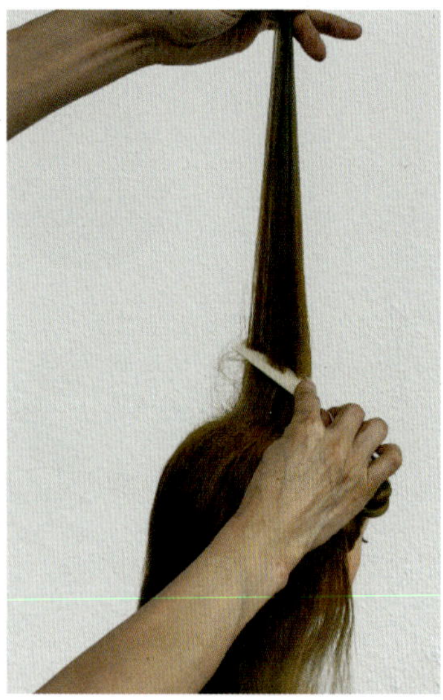

2. 백콤 기법 종류

(1) 모근 백콤

모근에 볼륨을 넣고자 할때와 모발의 방향 설정, 핀이 자리할 토대를 만들고자 할 때 사용하는 방법이다.

① 손으로 잡고 있는 모발에서 빗을 이용하여 모발이 빠져 나오게 하는 과정으로 모발의길이의 차이를 빗이 잡고 모근쪽으로 미는 작업이다.

② 늘어진 모발에 양감을 형성하는데 영향을 주는 작업이다.

③ 온더베이스on the base에 고정하는 작업으로 모근에 2cm 정도 두께로 쌓을수록 단단한 토대가 만들어지는 작업이다.

〈모근 백콤의 시술 방법〉

- 모근 직각에서 3~4cm 높이에서 시작한다.
- 섹션을 밀지 않고 빗살 끝에 힘을 실어 엄지와 검지로 밀어 준다.
- 빗살은 두피에 최소한만 눕혀 빗살 끝으로 누른다.
- 두피에서 90°각도로 섹션을 잡고, 빗살이 섹션과 수평에서 시작한다.

(2) 양감 백콤

업스타일의 기본 백콤 중 하나이며 볼륨감 있는 부피감을 연출하고자 할 때 사용하는 방법이다.

① 롱 스트록 동작으로 모근 백콤처럼 직각으로 쌓이는 것과 달리 양감 백콤은 퍼지면서 쌓이게 하는 작업이다.

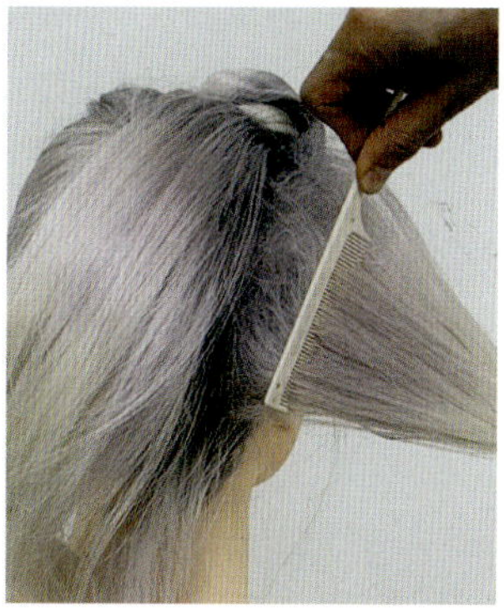

② 빗이 모근 베이스를 벗어난 위치에 오프 더베이스off the base로 빗이 놓이는 작업이다. 쿠션감 있는 백콤을 얻고자 할 때 사용하는 작업이다.

〈양감 백콤의 시술 방법〉

- 롱스트록으로 빗을 45°각도로 비스듬이 시작하여 길이가 롤링으로 다른 모발을 밀어 모근쪽으로 보낸다.

- 모발의 중간지점의 높이에서 한번 더 모근쪽으로 모발을 밀어보낸다.
- 섹션에서 빗살은 두피에 최소한만 눕혀 빗살 끝으로 누른다.

(3) 면 백콤

패널을 말아 들어가는 롤을 연출 때 사용하며 섹션에 두께감을 주어 디자인 연출시 원활한 작업을 위해 사용하는 방법이다.

① 모근에서부터 모단까지 일정한 간격으로 빗살로 밀어 넣는 동작으로 시행하는 작업이다.

② 모근 백콤이나 양감 백콤과는 다르게 빗살이 섹션에 직각으로 들어가 롤링 없이 빗살로 밀어 넣음

〈면 백콤의 시술 방법〉

- 모근 3~4cm 위에서 면 빽콤을 시작한다.
- 섹션에 직각으로 빗살을 넣어 숏스트로크해 준다.
- 빗살은 깊게들어 가고 빗은 섹션의 모발은 밀면서 들어가지 않는다.
- 전 단계의 빽콤자리까지 밀고 들어가지 않고 모단까지 일정한 간격을 준다.

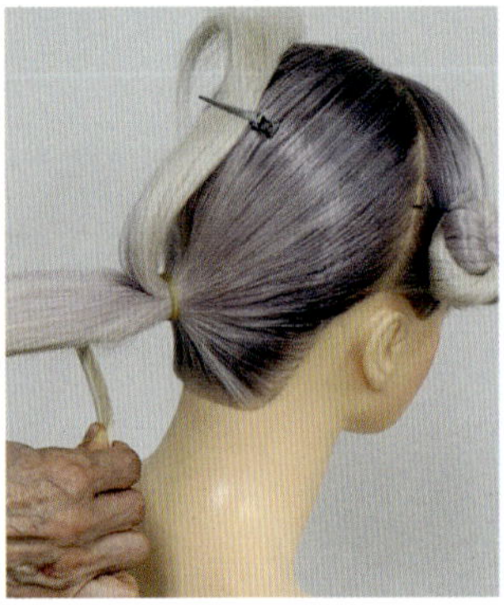

3. 핀고정 기법

모발을 고정하는 방법 중에 하나로 핀을 이용하는 테크닉이다. 연출되어진 스타일에 핀이 보이지 않도록 주의한다.

① **수평** : 디자인 연출시 모발을 고정하고자 하는 곳을 한 손으로 고정한 후 핀이 수평이 되도록 두피에 가까이 고정한다. 마지막은 반대 방향으로 꽂아 모발이 빠져나오지 않도록 하는 방법이다.

② **수직** : 디자인 연출시 고정하고자 하는 모발을 수직으로 잡은 후 핀을 아래서부터 겹치도록 꽂아주고 마지막은 반대 방향으로 꽂아 모발이 빠져나오지 않도록 하는 방법이다.

③ **W형** : 디자인 연출시 고정할 모발에 핀을 지그재그로 교차하며 꽂아준다. 핀이 바깥으로 튀어나오지 않고 모발을 골고루 붙잡을 수 있도록 두피 가까이에 고정

하는 방법이다.

④ **강한 고정** : 디자인 연출시 강한 고정을 하고자 할 때 중실핀이나 대핀을 주로 사용하여 모발 흐름과 90°각도로 핀을 꽂아 강한 고정력을 얻을 수 있는 방법이다.

⑤ **꼬기 고정** : 디자인 연출시 꼬기를 이용한 핀 고정방법으로 많은 양의 모발을 꼬기 기법의 물리적 장력을 이용하는 방식이다. 핀 하나로 많은 양의 모발을 감춰 꽂기가 가능한 가장 이상적인 방법이다.

⑥ **임시 고정** : 디자인 연출 단계에서 스프레이 고정을 하기 전 임시로 형태를 유지하고 싶을 때 쓰는 방법으로 U핀과 핀셋을 사용하는 방법이다.

⑦ **마무리 고정** : 디자인 연출 완성 후 정돈 마무리 단계에서 쓰이는 방법으로 실핀이나 갈고리U핀을 사용하여 정리 정돈하는 방법이다.

4. 두상 위치에 따른 포니테일

업스타일 디자인 연출시 머리를 묶는 두상의 위치에 따라 디자인의 연출이 달라질 수 있다. G.P를 중심의 포니테일은 상위 업스타일 연출에 용이하게 쓰이고, 옥시피탈 중심의 포니테일은 하위 업스타일 연출에 용이하게 쓰인다. 또한, 비대칭과 후두부에 위치한 두 개의 포니테일은 크리에이티브한 업스타일 연출에 많이 쓰이고 있다.

G.P 포니테일

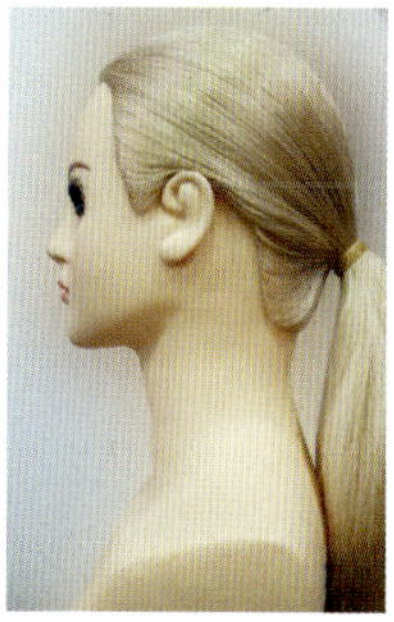

Occipital 포니테일

비대칭 포니테일

후두부에 위치한 두 개의 포니테일

5. 망을 사용법

업스타일 디자인 연출시 모발의 양이 많거나, 적을 경우 연출을 자유롭게 하기 위하여 모발과 같은 색상의 망을 이용하여 모발을 감싸서 판넬을 만들거나 뭉치를 만들어 모발처럼 활용한다.

① 옥시피탈 지점에 포니테일을 한 모발에 백콤을 넣어준다.

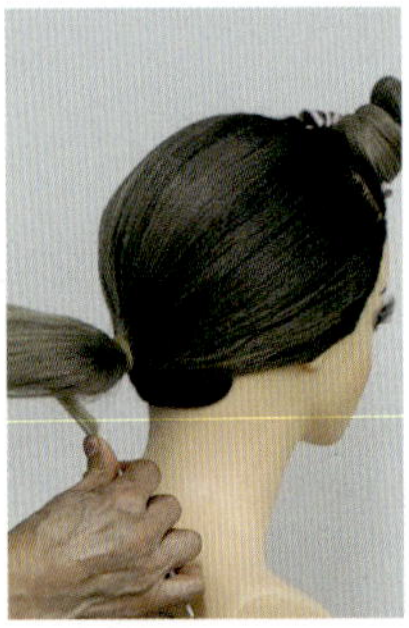

② 백콤을 넣은 머리를 정리하여 면을 펼쳐 볼륨감을 넣어준다.

③ 모발과 같은 색상의 망 한쪽에 실핀을 꼽아 옥시피탈 지점의 포니테일 한 고무줄에 90°각도로 세워서 실핀을 넣어 망을 고정시켜준다.

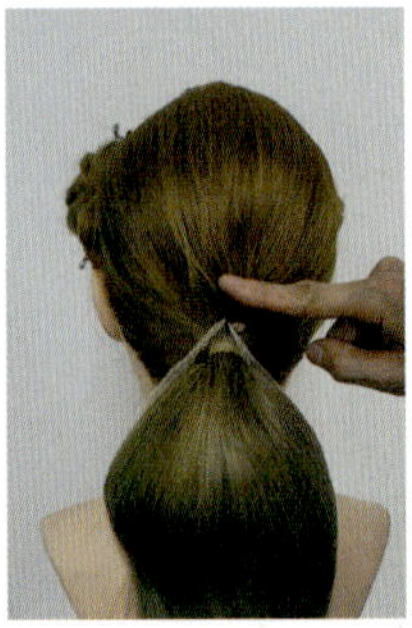

④ 고정된 망을 펼쳐진 머리와 같은 형태를 만든다.

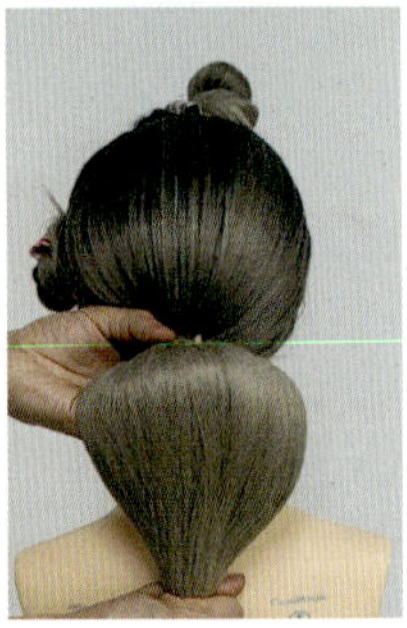

3. 크리에이티브 업스타일 응용 테크닉

(1) 꼬기 Twist

- 모발에 텐션을 주면서 밧줄처럼 꼬는 방법으로 한 가닥, 두 가닥, 세 가닥으로 회전하는 기법이다.
- 텐션의 강도에 따라 다양한 변화가 이루어지며, 시계방향, 반시계 방향으로 회전하여 형태의 변화를 나타낼 수 있다

(2) 매듭 Knot

- 모발을 한 가닥, 두 가닥, 여러 가닥으로 엮어 짜거나 매듭을 지어 묶는 기법이다.
- 모발을 펼쳐 판넬을 만들어 다양한 디자인을 연출할 수 있으며, 시계방향, 반시계방향으로 회전하여 형태의 변화를 나타낼 수 있다.

(3) 겹치기 Overlap

- 두 가닥의 모발을 위, 아래로 교차해서 반대쪽을 향해 서 겹치는 기법이다.
- 판넬의 넓이, 위치, 텐션의 정도에 따라 다양한 이미지를 연출할 수 있다.

(4) 땋기 Braid

- 모발 가닥을 세 가닥, 네 가닥, 다섯 가닥, 그 이상의 가닥을 함께 교차하거나 엮는 기법이다.
- 땋는 방법을 위로, 아래로 할 수 있으며, 바구니의 형태의 땋기도 가능하며, 다양한 기법으로 입체감을 연출할 수 있다.

(5) 루프 Loop

- 모발의 판넬로 만들어 접고 구부리고 둥글게 감아 곡선형으로 디자인 하는 기법이다.
- 볼륨, 크기, 모양, 방향을 달리하여 원, 타원형, 삼각형, 아치형, S컬 웨이브, 고리, 반고리, 높은 고리, 낮은 고리로 연출 할 수 있다.

(6) 롤 Roll

- 모박 가닥 자체 내에서 말려지고 감겨지는 기법이다.
- 롤의 위치를 수평, 수직, 대각, 곡선으로 다양하게 연출할 수 있으며, 모양은 원뿔형, 원통형, 소라 모양으로 다양한 연출이 가능한 업스타일의 가장 기본이 되는 기법이다.

(7) 뱅 Bang

- 모발을 판넬로 만들어 C컬, S컬 곡선형으로 디자인하 거나, 판넬의 모아 둥글게 말아 뱅의 형태를 만드는 기법이다.
- 볼륨, 크기, 모양, 방향에 따라 형태의 다양한 연출이 가능하다.

(8) 입체면 Stereoscopic plane

- 모발의 밋밋한 판넬에 입체감을 넣어주기 위하여 면을 펼쳐주는 기법이다.
- 땋기, 꼬기, 고리, 롤등 어떠한 기법에도 적용이 가능하며, 아름다움을 극대화 시킬 수 있는 연출법이다.

4. 상·하위 스타일의 이해

(1) 상위 업스타일의 이해

상위 업스타일은 포인트가 골덴포인트G,P를 중심으로 백포인트B,P 위에 놓이는 스타일을 상위 업스타일의 범주에 둔다. 특히, 디자인이 두상의 상위에 강조되어 측두부의 볼륨이 약하면 얼굴이 크게 보이고, 스타일이 갖는 성격이 약해질 수 있다. 또한, 하위 스타일에 비하여 얼굴에 차지하는 머리의 비중이 높기 때문에 얼굴형에 어울리는 형태의 심도 있는 조형 감각이 필요하다.

골덴포인트G,P를 중심으로 볼륨과 율동감을 나타내는 스타일은 고급스럽고, 우아하며, 화려한 분위기와 세련되고 여성스러운 이미지를 준다. 백포인트B,P를 중심으로 볼륨과 율동감을 나타내는 스타일은 안정적인 이미지를 주는 반면, 단조로운 느낌을 줄 수 있으나 간결하고 도시적인 이미지를 연출할 수 있다.

탑포인트T,P의 중심으로 볼륨과 율동감을 나타내는 스타일은 강렬하면서도 신비함을 동시에 줄 수 있으며, 적극적이고, 명랑하며, 발랄하고, 열정적이고 섹시해 보이는 이미지를 연출할 수 있다. 또한 나이보다 어려보이는 스타일로 젊어 보이는 장점을 가지고 있다.

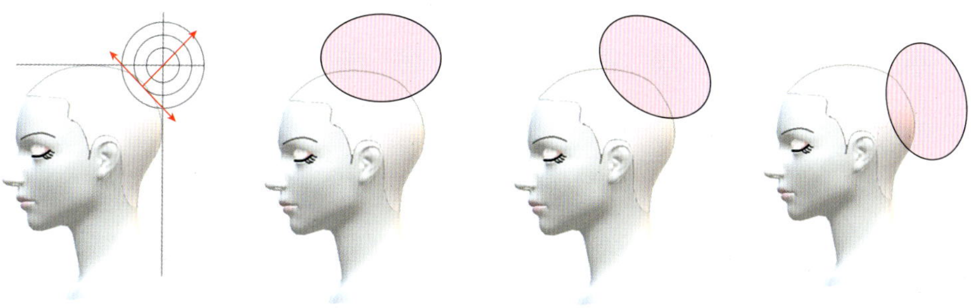

상위 업스타일

두상 포인트의 위치 | 탑포인트(T, P) | 골덴포인트(G, P) | 백포인트(B, P)

(2) 하위 업스타일의 이해

하위 업스타일 포인트의 위치는 뒤통수 뼈Occipital Bone을 기준으로 네이프N.P와 그 아래에 놓이는 스타일을 하위 업스타일의 범주에 둔다. 하위 스타일은 전면의 실루엣으로 두상보다는 턱선을 보완하는 실루엣이기 때문에 얼굴형 중심의 업스타일라고 볼 수 있다.

하위 업스타일은 얼굴이 강조되어 헤어의 비중이 낮아지기 때문에 이미지 손상이 발생할 가능성이 낮다. 또한, 하위 업스타일은 묶음으로 연출되는 쪽 패턴과 묶지 않고 걷어 올려지는 양감 패턴이 있으며, 상위 업스타일의 포인트 자리가 면으로 연출되어지고 측면은 네이프 포인트와 연결성 있게 연출되어진다.

뒤통수 뼈Occipital Bone, 네이프포인트N,P의 중심으로 볼륨과 율동감을 나타내는 스타일은 단아하고 차분하며, 사랑스럽고, 우아한 여성스러움을 돋보이게 하는 스타일이다.

네이프N.P와 그아래를 중심으로 볼륨과 율동감을 나타내는 스타일은 여성적이고 로맨틱한 이미지를 가짐과 동시에 내츄럴하며, 귀여운 이미지가 돋보이게 하는 스타일이다.

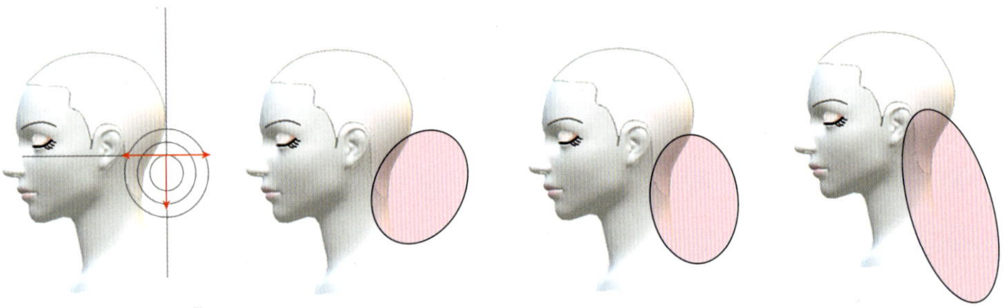

하위 업스타일

두상 포인트의 위치	뒤통수 뼈 (Occipital Bone)	네이프포인트(N, P)	네이프포인트(N,P) 아래

Week 4 크리에이티브 업스타일 디자인 발상

학습 내용(단원명)	수업 목표
디자인 발상	• 크리에이티브 개념에 대해 이해할 수 있다. • 아이디어 발상단계를 설명할 수 있다. • 디자인 발상법에 대해 설명할 수 있다.

1. 크리에이티브 개념

(1) 크리에이티브Creative 정의

'창조적인','독창적인'이라는 의미로, 창의적인 사람, 창작 활동을 하는 사람을 의미한다. 헤어에서의 크리에이티브의 의미를 찾아보자면 최신의 헤어트랜드를 반영한 독창적이고 창의적인 헤어 스타일링을 일상적인 생활에 적용 가능하도록 연출하는 디자인을 이야기 한다고 할 수 있다. 즉, 최신의 헤어트렌드를 반영하여 고객의 요구사항을 충족시키는 창의 적인 스타일을 창출하는 것이다.

(2) 창의성창조성의 개념

창의성Creativity은 통찰력과 인지력 등을 바탕으로 주어진 문제에 대해 유연하고 합리적 으로 사고하여 독창적이고도 유용한 해결안을 만들어내는 능력 또는 사고과정Problem Solving이라고 할 수 있다. 창의적 사고로서 아이디어 발상은 일상생활뿐 아니라 과학기술, 예술 디자인, 산업 등 전문 분야의 여러 가지 문제를 해결하고 발전시키는데 중요한 가치를 갖는다.

창의성과 관련하여, 스티브잡스Steve Jobs는 "창의성은 연결하는 능력이다"으로 규정하고, 세상에 없는 새로운 물건을 만들기 위해서는 마음대로 생각하고, 상관없는 물건끼리 '연결짓는 능력'이 필요하다고 하였다.

서울대 홍성욱 교수는 "창의성은 새롭게 조합하고 융합하는 능력"으로 규정하고, 창의성은 아무 것도 없는 곳에서 새로운 무언가를 만들어내는 과정이 아니라, 기존에 존재하는 것들을 새롭게 조합하고 융합하는 과정'유'에서'새로운 유'의 창조이라고 하였다.

여러가지문제연구소 김정운 박사는 "창의성은 기존의 정보생각, 지식, 행위를 새롭게 편집함editology=edit+~ology, 편집학으로써 새로운 것을 생각해 내는 특성이다. 창조적 삶이란, 구체적으로 좋아하는 것을 찾아편집해서 재미와 의미를 찾는 것이 창조적 삶이라고 하였다.

(3) 새로운 창조

새로운 창조를 위해서는 '모방-재현-창조'의 과정을 거치게 된다.'재현'은 모방으로 대상을 그대로 따라해 보면서 다시 나타내는 것을 말한다. 남의 작품을 그대로 따라 재현하다 보면 그 작품 제작에 필요한 기법과 원리 등을 학습할 수 있다. 컬러링 북'이나 '명화 따라 그리기'의 경우 유명한 그림이나 명화 등을 순서에 맞게 주어진 물감이나 색연필로 재현해서 작품을 만들어 보는 것이다. 새로운 창조는 본인에게 영감을 준 어떤 작품을 새로운 시각으로 '재해석'하여 다양한 재료와 기법을 활용하여 나만의 작품으로 새롭게 만드는 예술 활동이다.

디자인에 대한 영감을 얻기 위해서는 주변의 많은 것을 새롭게 바라볼 수 있는 예리한 관찰자로서의 눈이 필요하다. 다양한 예술을 감상하고, 감각을 키우며, 나만의 작가정신artistic spirit으로 새로운 의미를 찾는다면 새로운 예술적 창조가 가능하다.

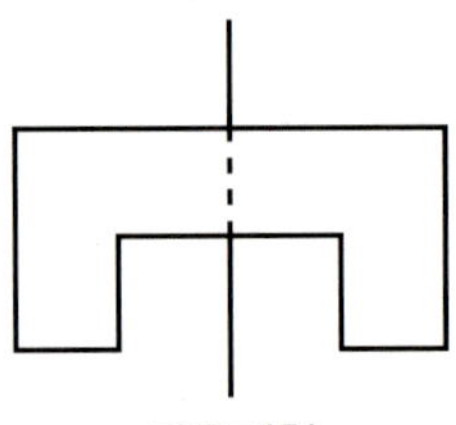
좌우대칭

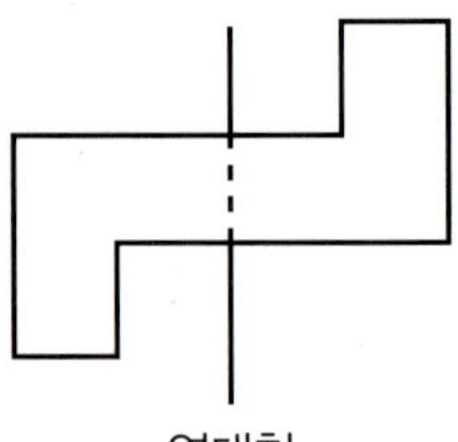
역대칭

2. 디자인 발상

1. 디자인의 개념

디자인design이란 주어진 목적을 조형적으로 실체화하는 것으로, 의장이나 도안을 말한다.

디자인이라는 용어는 라틴어 데시그나레designare로 지시하다·표현하다·성취하다의 뜻에서 유래했다. 디자인은 관념적이 아닌 실체이기 때문에 어떠한 종류의 디자인이든지 실체를 떠나서 생각할 수 없다. 디자인은 주어진 목적을 달성하기 위하여 여러 조형요소 즉, 형태, 용도, 기능, 재료와 가공 기술 등을 선택하여 의도적으로 선택한 것들의 구성이다. 또한 합리적이며 유기적인 통일을 얻기 위한 창조적 활동이며 그 결과의 실현이 곧 디자인이다. 좋은 디자인을 얻기 위해서는 미와 용의 적절한 조화가 이루어져야 한다.

디자인은 크게 3가지로 나눌 수가 있는데 첫째가 시각디자인visual design으로 인간생활에 필요한 정보와 지식을 넓히고 보다 신속·정확하게 전달하기 위하여 시각을 중심으로 한다. 둘째로 제품디자인product design으로 인간생활의 발전에 필요한 제품 및 도구를 보다 다량으로, 완전하게 생산하기 위한 디자인이다. 그리고 인간생활에 필요한 환경 및 공간을 보다 적합하게 만들기 위한 환경디자인environment design 등으로 나누어진다.

2. 발상의 개념

발상은 착상着想, 구상構想, 관념화ideation, 영감inspiration 등의 의미가 있다.

첫째, 어떤 일을 생각해 내는 것, 일의 실마리가 될 만한 생각.
둘째, 생각을 전개하거나 정리하여 형태를 갖추는 것.
셋째, 예술품을 창작할 때 그 내용을 머리 속에서 구성하는 일 → 착상, 구상

발상은 창의적인 아이디어를 구체화하는 과정ideation을 말하며, 아무리 창의적인 사고가 잠재해 있다 하더라도 그것을 구체화시킬 수 있는 사고과정이 따라주지 않는다면 무의미하게 된다.

창조적 발상은 개개인이 지닌 지식의 양과 지식을 활용하는 방식에 따라 차이가 나며, 어떤 특정한 것을 알고 이해하는 것과 창조적으로 사용하는 방법을 아는 것은 다르다. 또 창조를 위한 지식은 습득이 가능하며 습관화된 훈련체계적 훈련에 의해서 개발될 수 있다. 그러므로 창의적인 디자인을 위한 생각이 표출될 수 있도록 구체화하는 과정, 즉 체계적인 발상법이 요구된다.

3. 아이디어 발상 단계

(1) 기본적 태도와 준비 단계 마음 가짐

아이디어가 도출되기까지는 무수한 경험과 고민, 시도와 노력 필요. 고민보다는 노력이 필요하다. 생각〈행동

① 문제의식 갖는 방법, 문제 찾는 방법
② 정보 수집 방법
③ 논리적 사고 촉진 방법
④ 긴장 이완 방법
⑤ 영감 일으키는 방법
⑥ 영감 포착하는 방법
⑦ 포착된 영감 놓치지 않는 방법
⑧ 영감 키워 실용화하는 방법

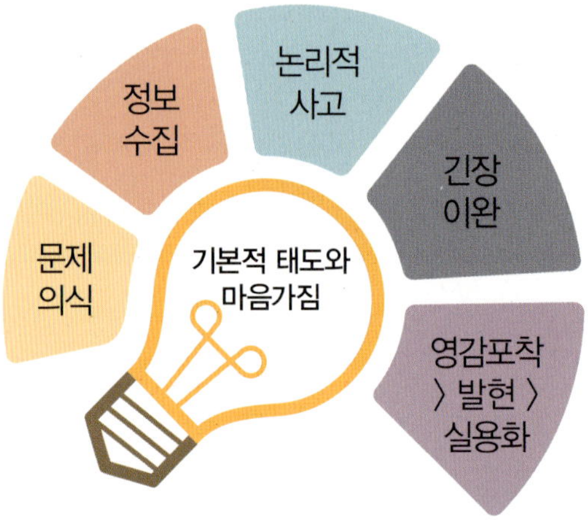

(2) 아이디어 발상 단계

1 **문제의식**
관련정보를 다양하게 수집 탐색

2 **문제의식 구체화**
자료의 내용들을 느껴보는 단계

3 **아이디어의 부화**
의도적으로 업무에서 벗어나 망각하는 단계

4 **영감의 도래**
숙성을 거친 후 아이디어를 창출하는 단계

5 **아이디어 구체화**
아이디어가 컨셉을 잘 나타낸 것인지 판단하고 평가하는 단계

① 섭취 단계 문제의식

관련정보를 다양하게 수집, 탐색하는 단계

- 풍부한 자료는 좋은 아이디어의 밑거름이 된다.

② 소화 단계 문제의식 구체화

자료의 내용들을 '마음의 촉수'로 느껴보는 단계

- 목표와 컨셉 기준에 맞게 자료 선별, 조합, 순간에 떠오른 생각을 메모는 빅 아이디어의 밑거름이 된다.

③ 부화 단계 아이디어의 부화

의도적으로 업무에서 벗어나 망각하는 단계

- 아이디어를 잠시 숙성, 부화시키는 단계멍 때리기

④ 조명 단계 영감의 도래

숙성을 거친 후 아이디어를 창출하는 단계

- 그동안 축적된 아이디어가 빛일 발하며 떠오르는 단계

⑤ 증명 단계 아이디어의 구체화

아이디어가 컨셉을 잘 나타낸 것인지 판단, 평가하는 단계

- 선택된 아이디어의 정교화 과정, 부적절하거나 미흡할 시 과감히 버리고 새로운 아이디어찾아야 한다.

(3) 확산적 사고와 수렴적 사고

좌뇌와 우뇌의 역할 : 아이디어 창출을 위한 다양한 방법 중에서 가장 중요한 것은 우리가 어떤 사물을 바라보는 '관점'을 조금만 다른 각도로 전환하면 조금 전까지 보지 못했던 전혀 다른 모습을 새롭게 발견할 수 있다는 것이다.

① **관점의 전환** : 새로운 발견

② **아이디어 구상** : 확산적 사고

③ **아이디어 선정** : 수렴적 사고

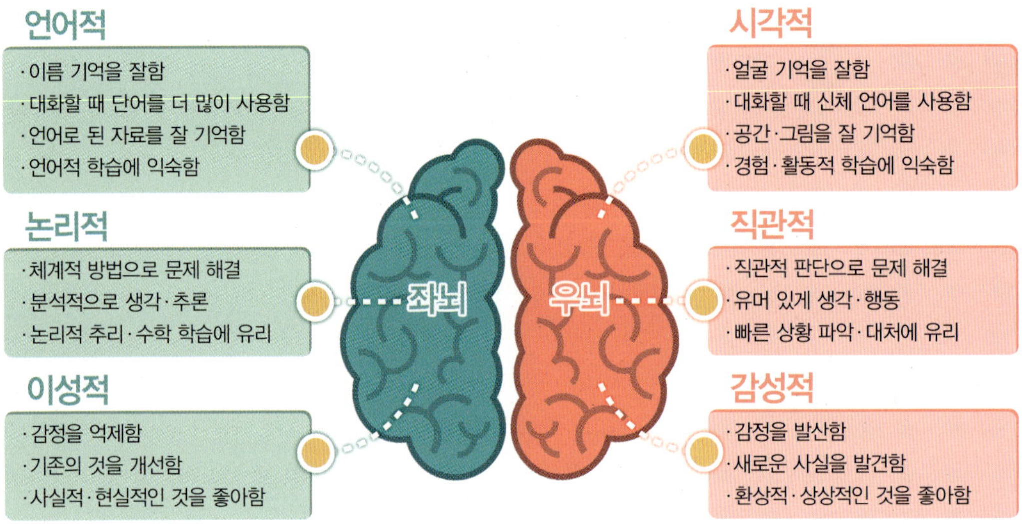

(4) 발상법 종류

① 브레인 스토밍

- 집단의 구성원이 하나의 구체적인 문제에 초점을 두고 가능한 많은 아이디어 생성
- 양 〉 질
- 다른 사람의 아이디어를 조합, 발전
- **특징** : 집단에 의해 더욱 효과적인 발상다양한 시각, 유창성과 융통성 신장

② 브레인 라이팅

- 사람수가 많거나 많은 아이디어를 빠르게 생성하고 싶을 때 용이
- 낙오자 없이 전원 참여 가능
- 남의 시선을 의식하지 않고 많은 양의 아이디어 생성

- 특징 : 시각적으로 표현, 집단 브레인 스토밍 전 사고 유연, 수줍어 하는 학생의 발표력 신장

③ 마인드 맵

- 이미지와 핵심 단어, 색과 부호를 사용하여 마음속의 지도를 그리 듯 기호와 그림으로 생각하는 두뇌개발기법
- 제목을 색심 단어나 중심이미지로 방사형으로 발상
- **특징** : 연상을 통한 아이디어 개발, 창의적이지만 적용은 어려움, 글 감 찾기, 한 단원의 정리, 피드백, 학습과정 결손 부분 파악 용이

④ 체크 리스트

- 대체, 결합, 응용 확대, 축소, 다른 용도, 삭제, 재배치
- 어떤 문제에 관해 열린마음으로 다루게 하기 위해 의도적으로 사용
- **특징** : 주의 집중 도구, 다양한 아이디어 발상, 아이디어의 변형 기법

⑤ 시네틱스

- 다른 성징의 두 대상이나 아이디어를 결합하여 새로운 아이디어를 얻거나 유추로 민감성 증진
- 문제 상황에 직접 도전이 아닌 유추를 통한 은유적인 해결책에서 시작하여 구체적인 방법으로 접근, 사고력 신장
- **특징** : 유추에 의한 아이디어 개발방법, 창의적이지만 적용하기에는 어려움, 상상력을 동원하여 특이하고 실질적인 문제 해결에 용이

⑥ PMI 기법

- 어떤 아이디어나 제안을 다룰 때 열린 마음의 태도로 다루게 하기 위해 의도적으로 사용
- 결정을 막는 것이 아닌 긍정, 부정, 재밌는 측면 등으로 대안의 측면을 고려한 후 결정
- 시야를 넓힘
- **특징** : 주의집중 도구, 아이디어 및 각종 제안, 연구계획서 등을 처리하는데 적용

Chapter 3

크리에이티브 업스타일 실습

5주 크리에이티브 업스타일 실습 – 상위1 (분석)

6주 크리에이티브 업스타일 실습 – 상위1 (실습)

7주 크리에이티브 업스타일 실습 – 상위2 (분석)

8주 크리에이티브 업스타일 실습 – 상위2 (실습)

9주 크리에이티브 업스타일 실습 – 상위3 (분석)

10주 크리에이티브 업스타일 실습 – 상위3 (실습)

11주 크리에이티브 업스타일 실습 – 하위1 (분석)

12주 크리에이티브 업스타일 실습 – 하위1 (실습)

13주 크리에이티브 업스타일 실습 – 하위2 (분석)

14주 크리에이티브 업스타일 실습 – 하위2 (실습)

15주 크리에이티브 업스타일 실습 – 하위3

Week 5

실습 1 ; 상위 1(분석)

학습 내용(단원명)	수업 목표
크리에이티브 업스타일 실습 상위 1(분석)	• 이미지 사진을 보고 수업 할 업스타일에 대해 분석할 수 있다.

1. 완성된 사진

2. 크리에이티브 업스타일 디자인 이미지 분석하기

학생들 분석

(1) 이미지

(2) 어울리는 얼굴형

(3) 응용 업스타일 기법

(4) 업스타일 볼륨의 위치

(1) 이미지

고급스럽고, 우아하며, 화려한 분위기와 세련되고 여성스러운 이미지를 연출할 수 있다.

(2) 어울리는 얼굴형

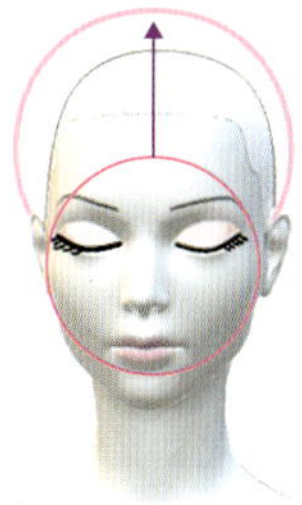	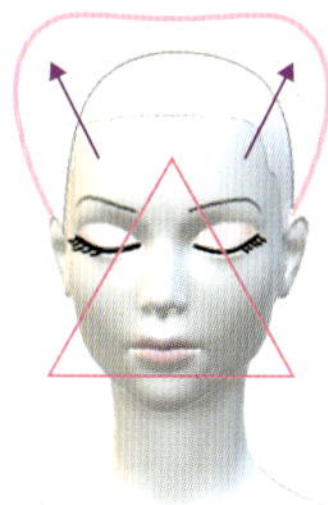	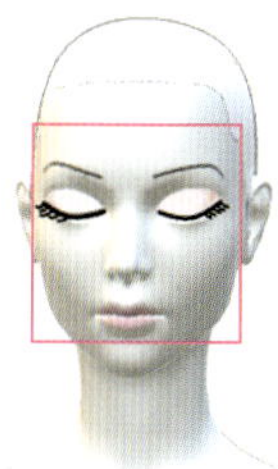	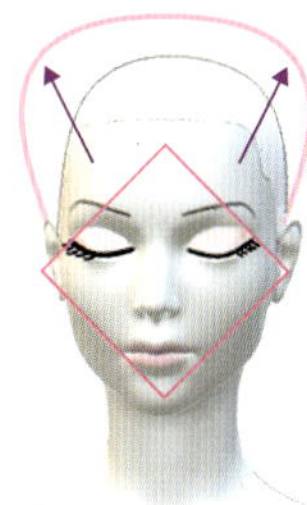
둥근형	삼각형	사각형	마름모

(3) 응용 업스타일 기법

입면체기법	루프기법

(4) 업스타일 볼륨의 위치

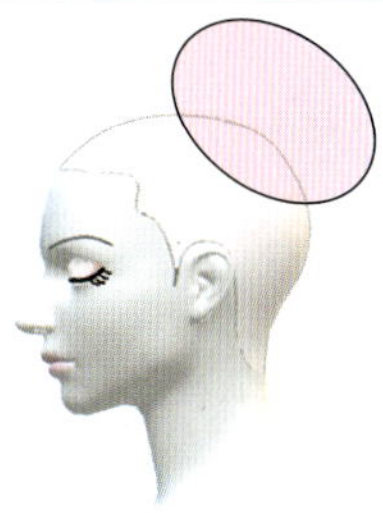	
골덴포인트(G,P)	

Week 6 실습 1 ; 상위 1(실습)

학습 내용(단원명)	수업 목표
크리에이티브 업스타일 실습 상위1 (실습)	• 상위 업스타일을 준비할 수 있다. • 상위 업스타일을 진행할 수 있다. • 상위 업스타일을 마무리할 수 있다.

1. 크리에이티브 업스타일 준비하기

(1) 사전작업

- 다이렉트 아이론기를 사용하여 뿌리에 볼륨을 넣어준다.
- 블로우 드라이를 이용하여 S컬의 웨이브를 넣어준다.

(2) 사전지식

- 업스타일을 진행하는 동안 광택제를 이용하여 머리카락을 윤기나게 한다.
- 업스타일 마무리를 작업 시 임시로 고정시켜 놓은 핀컬을 조심스럽게 제거하고 스프레이로 고정시켜준다.
- 경우에 따라서는 스프레이를 뿌려가며 연출되어진 디자인을 고정시킨다.

(3) 준비하기

2. 크리에이티브 업스타일 진행하기

(1) 블로킹 나누기 – 4등분

앞머리 가르마 : 눈썹 3/2 지점에서 시작하여 일직선으로 좌측 T.P지점까지 연결한다. 센타파트는 좌측 T.P에서 우측 P.S.P까지 사선으로 연결한다.

좌측 사이드파트 : 좌측 T.P에서 E.B.P 지점까지 일직선으로 연결한다.

우측 사이드는 네이프와 하나의 파트가 된다. 사진과 같이 파트를 나눈다.

골덴파트 : 좌측사이드 T.P와 E.P에서 2cm뒤 지점의 중간에서 G.B.M.P 지점을 꼭지점으로하여 U자 형태로 섹션을 나눠 우측 T.P.S.M.P지점까지 연결한다.

(2) 골덴파트 토대 연출하기

골덴파트 토대 연출과정

골덴파트를 G.P지점에 포니테일 한다.

G.P지점의 포니테일한 모습이다.

골덴파트의 아래 나머지 머리카락을 위로 빗질하여 옥시피탈(G.P 2cm뒤지점)에 포니테일 해주어 두 개의 묶음을 만든다.

옥시피탈 지점의 묶음의 토대가 골덴파트와 일직선이 되도록 핀으로 고정한다.

(3) 사이드 연출하기

좌측 사이드 연출과정

좌측사이드를 네이프 방향 15° 각도로 내려빗어 판넬을 만든다.

판넬를 C컬을 만들기 위해 위로 방향전환을 한다. 사이드 가르마 T.P지점의 C컬을 중심으로 점차적으로 C컬을 크게 연출한다. 광택제를 뿌려 윤기를 부여한다.

판넬의 가장 아래부분을 손가락을 이용하여 입체면을 만든다.

두 가닥의 입체면을 만들고 판넬을 T.P지점에서 모아지도록 하여 C컬의 크기를 조절한다. 핀을 이용하여 T.P에 고정시킨다.

우측 사이드 연출과정

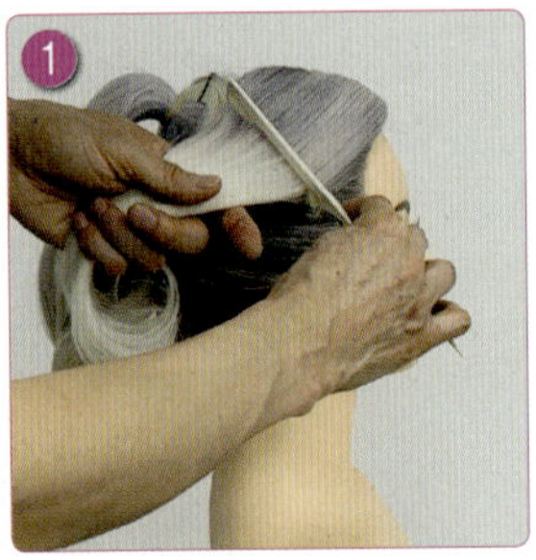

프론드파트의 머리카락을 네이프 방향으로 15°각도로 빗질하여 판넬을 만든다.광택제를 뿌려주어 윤기를 부여한다.

만들어진 판넬을 좌측 위로 방향 전환를 하여 C컬을 만든다.

만들어진 C컬의 판넬에 입체감을 부여하기 위하여 여러개의 입체면을 만들어 주어 입체감을 준다.

판넬을 T.P 지점에서 모아지도록 하고 핀을 이용해 T.P에 고정시킨다.

(4) 골덴 연출하기

골덴파트에 묶어진 위의 머리뭉치를 세 개로 나누어 사진처럼 엇갈리게 하여 가장 위에 있는 판넬부터 순서대로 시술한다.

좌측 첫 번째 판넬을 광택제를 뿌려 정리한다.

입체감을 넣어주기 위해 2개의 입체면을 만들어 핀으로 고정시킨다.

만들어지 입체면이 흐트어지지 않게 손가락으로 임시고정시켜 판넬을 좌측방향으로 회전하면서 루프모양을 만든다.

두 번째 판넬을 광택제을 뿌려 정리한다.

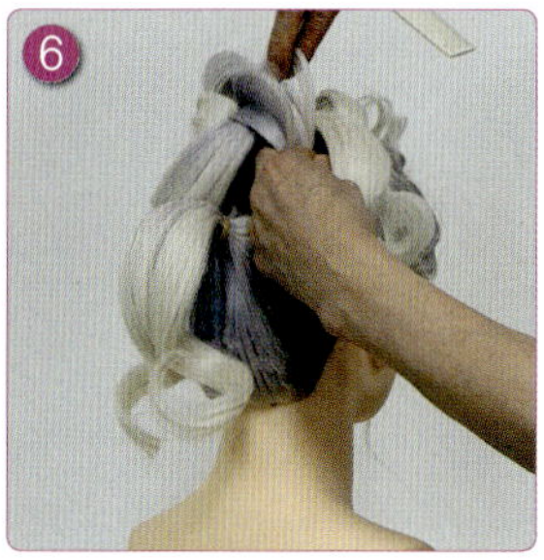

첫 번째 판넬과 마찬가지로 2개의입체면을 만든다.

만들어지 입체면이 흐트어지지 않게 핀으로 고정시킨다.

판넬을 사진처럼 손가락을 이용하여 좌측방향으로 회전하면서 루프모양을 만든다.

루프모양의 판넬에도 2개의 입체면을 만들어 핀으로 고정시킨다.

판넬의 끝머리도 연결시켜 루프를 완성한다.

세 번째 판넬도 같은 방법으로 손가락을 이용하여 C컬로 회전한다.

C컬이 만들어진 판넬에 2개의 입체면을 만든다.

만들어진 입체면에 핀으로 고정하고 좌측방향으로 회전하여 루프를 만든다.

두 번째 판넬과 만찬가지로 입체면을 만들어 루프를 만들어 핀으로 고정한다.

판넬의 끝부분도 좌측으로 회전하여 루프를 만든다.

골덴파트의 아래에 묶어진 머리뭉치를 두 개의 판넬로 나눈다.

좌측판넬이 위로 올라가도록 서로 엇갈리게 한다.

위의 판넬을 위의 방법과 같은 방법으로 판넬을 광택제를 뿌려 윤기를 부여한다.

판넬의 입체감을 주기 위해 두 개의 입체면을 만든다.

만들어진 입체면을 핀으로 고정한다.

판넬을 우측방향으로 회전시켜 루프를 만든다.

아래의 판넬도 같은 방법으로 연출한다.

두 개의 입체면을 만들어 고정시킨다.

오른쪽 방향으로 판넬을 회전시켜 루프를 만든다.

25 판넬의 끝부분까지 매끄럽게 하여 루프를 완성한다.

26 좌측 사이드에서 넘어온 판넬을 빗질을 하여 윤기를 부여한다.

27 판넬을 회전시켜 루프를 만든다.

28 만들어진 루프에 입체감을 넣어주기 위해 입체면을 만든다.

29 골덴파트에 연출되어진 다른 루프와 연결하여 연출한다.

30 프론트에서 넘어온 판넬도 같은 방법으로 루프를 만든다.

31 연출되어진 다른 루프와 어울리도록 연출한다.

3. 크리에이티브 업스타일 마무리하기

합습자 평가	
1. 실습한 크리에이티브 업스타일의 이미지는?	
2. 실습한 크리에이티브 업스타일이 어울리는 얼굴형은?	
3. 크리에이티브 업스타일 실습시 사용한 응용기법은?	
4. 볼륨의 위치는 어디인가?	
5. 실습 시 주의사항은?	
6. 실습 후 느낀점은?	

Week 7

실습 2 ; 상위 2(분석)

학습 내용(단원명)	수업 목표
크리에이티브 업스타일 실습 상위 2(분석)	• 이미지 사진을 보고 수업 할 업스타일에 대해 분석할 수 있다.

1. 완성된 사진

2. 크리에이티브 업스타일 디자인 이미지 분석하기

학생들 분석

(1) 이미지

(2) 어울리는 얼굴형

(3) 응용 업스타일 기법

(4) 업스타일 볼륨의 위치

(1) 이미지

강렬하면서도 신비함을 동시에 줄 수 있으며, 적극적이고, 명랑하며, 발랄하고, 열정적이고 섹시해 보이는 이미지를 연출할 수 있다.

(2) 어울리는 얼굴형

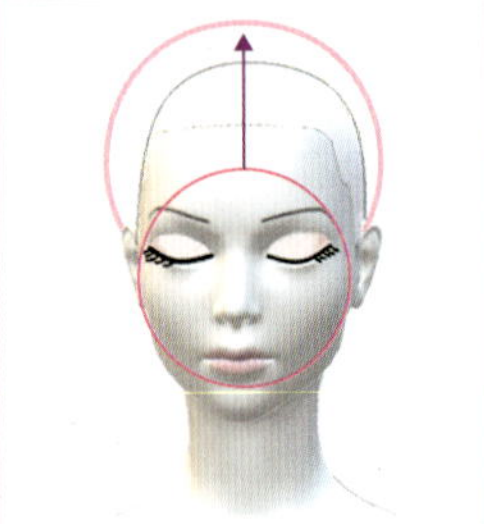	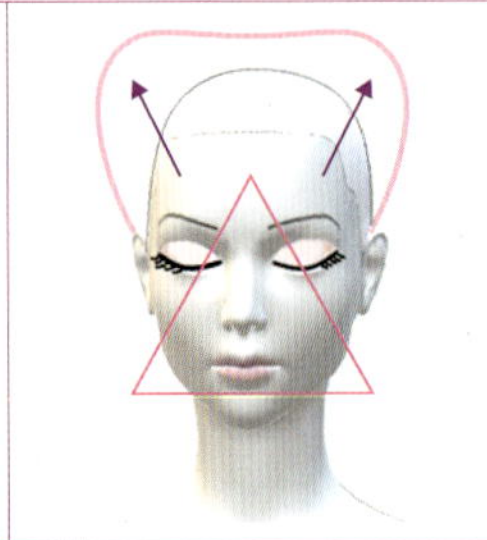	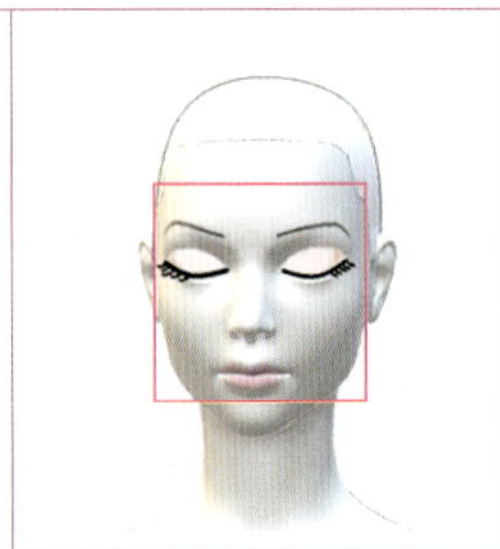	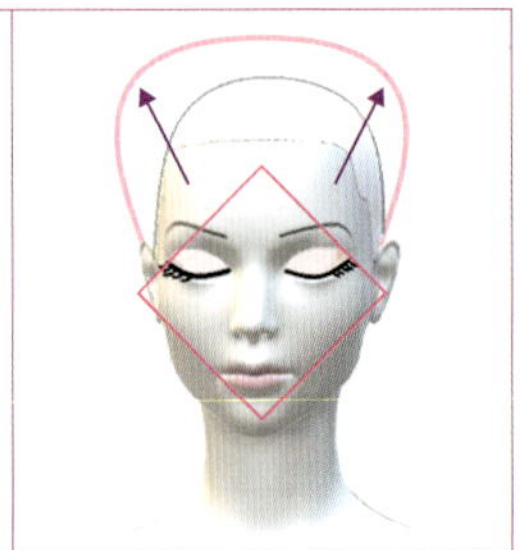
둥근형	삼각형	사각형	마름모

(3) 응용 업스타일 기법

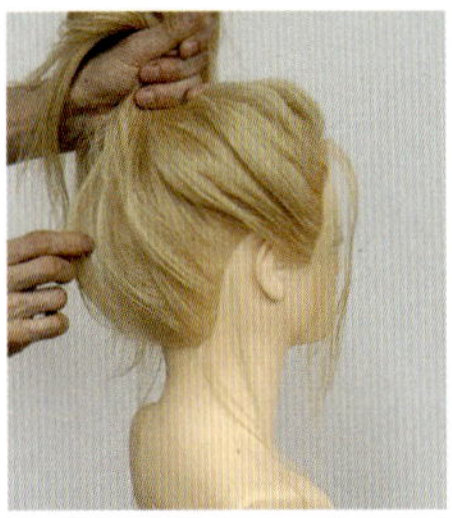		
입면체기법	루프기법	꼬기기법

(4) 업스타일 볼륨의 위치

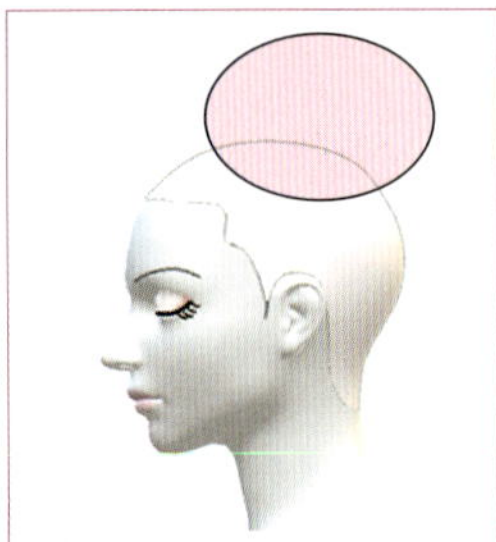	
탑포인트(T,P)	

Week 8

실습 2 ; 상위 2(실습)

학습 내용(단원명)	수업 목표
크리에이티브 업스타일 실습 상위 2(실습)	• 상위 업스타일을 준비할 수 있다. • 상위 업스타일을 진행할 수 있다. • 상위 업스타일을 마무리할 수 있다.

1. 크리에이티브 업스타일 준비하기

(1) 사전작업

- 블로우 드라이를 이용하여 C,S컬의 웨이브를 넣어준다.
- 입체면 기법을 이용한 판넬의 한 면을 펼치면서 C,S컬을 만들어낸다.

(2) 사전지식

- 업스타일을 진행하는 동안 광택제를 이용하여 머리카락을 윤기나게 해준다.
- 업스타일 마무리를 작업 시 임시로 고정시켜 놓은 핀컬을 조심스럽게 제거하고 스프레이로 고정시켜준다.
- 경우에 따라서는 스프레이를 뿌려가며 연출되어진 디자인을 고정시킨다.

(3) 준비하기

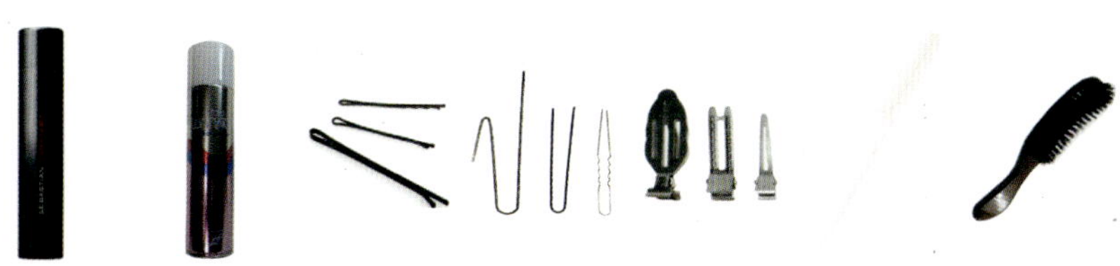

2. 크리에이티브 업스타일 진행하기

(1) 블로킹 나누기 – 0등분

시술전의 모습이다.

(2) 디자인 연출하기

꼬리빗을 이용하여 패이스 라인에 사진과 같이 섹션을 나누어 모발을 남겨놓는다.

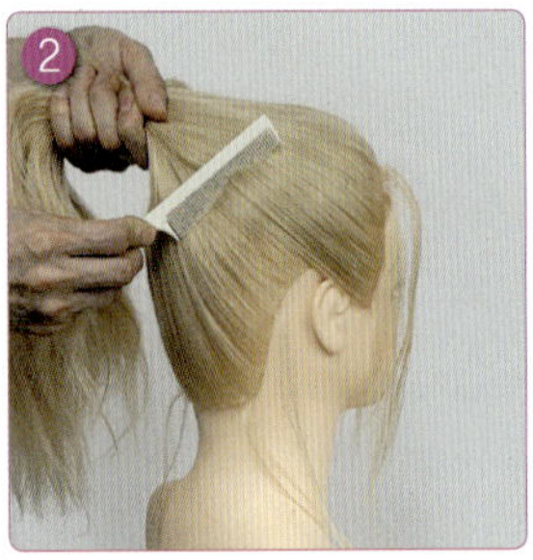

G.P지점에 빗을 이용하여 모은다.

G.P지점에 모아진 모발을 한손으로 잡고 다른 손가락을 이용하여 모발의 면을 세워 입체감을 넣는다.

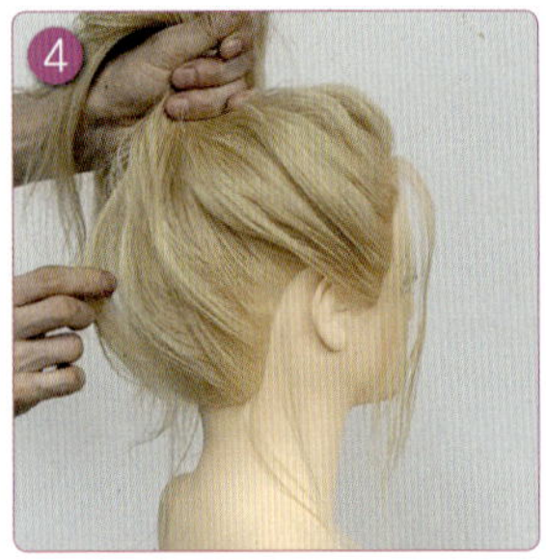

두상의 곡선을 따라 모발의 면을 세워 입체감을 넣는다.

두상곡면의 입체면을 넣어주고 G.P지점에 고무줄을 이용하여 포니테일한다.

G.P지점에 포니테일한 모습이다.

포니테일한 모발을 빗을 이용하여 판넬을 만든다.

판넬을 3등분으로 나눈다.

좌측의 판넬을 우측방향으로 회전시켜 꼬기를 한다.

좌측 T.P지점에 루프형태를 만들어 손을 이용하여 임시고정한다.

G.P지점부터 루프의 면을 펼쳐 C컬의 입체면을 만든다.

C컬의 펼쳐진 면을 세워 핀컬을 이용하여 임시고정 한다.

손으로 잡고 있던 자리에 핀을 이용하여 루프안쪽에 고정시킨다.

남겨진 모발을 다시우측 방향으로 돌려 꼬기를 한다.

우측 T.P지점에 루프형태를 만들어 손을 이용하여 임시고정한다. 루프의 면을 펼쳐 C컬의 입체면을 만든다.

C컬의 펼쳐진 면을 세워 핀컬을 이용하여 임시고정 한다.

손으로 잡고 있던 자리에 핀을 이용하여 루프안쪽에 고정시킨다.

남겨진 모발을 다시우측 방향으로 돌려 꼬기를 한다.

꼬기의 면을 펼쳐 C컬의 입체면을 만든다.

C컬의 펼쳐진 면을 세워 핀컬을 이용하여 임시고정 한다.

손으로 잡고 있던 모발의 끝을 G.P 아래지점에 핀을 이용하여 고정시킨다.

우측의 판넬을 우측방향으로 회전시켜 꼬기를 한다.

꼬기한 모발을 좌측방향으로 돌려 원을 그린다.

사진과 같이 G.P아래 우측에 루프형태를 만들어 핀을 이용하여 루프 안쪽에 고정시킨다.

고정시킨 모발을 좌측으로 회전시켜 방향설정을 해준다.

G.P지점부터 루프의 면을 펼쳐 C컬의 입체면을 만든다.

C컬의 펼쳐진 면을 세워 핀컬을 이용하여 임시고정한다.

꼬기한 모발의 이동을 위하여 U핀을 이용하여 면을 고정시킨다.

꼬기한 모발을 센타방향으로 이동하면서 꼬기의 면을 세워 입체감을 넣어준다.

C컬의 펼쳐진 면을 세워 핀컬을 이용하여 임시고정한다.

꼬기한 모발의 면을 세워 입체감을 넣어준다.

C컬의 펼쳐진 면을 T.P지점에서 향하게 하여 고정시키고 핀컬을 이용하여 면을 세워 임시고정시킨다.

나머지 센타방향으로 끌어 판넬을 우측방향으로 회전시켜 꼬기를 한다.

꼬기한 모발을 좌측방향으로 돌려 원을 그린다.

G.P지점부터 루프의 면을 펼쳐 C컬의 입체면을 만든다.

사진과 같이 T.P지점에 핀을 이용하여 꼬기 안쪽에 고정시킨다.

남겨진 모발을 다시우측방향으로 돌려 꼬기를 한다.

꼬기의 면을 펼쳐 C컬의 입체면을 만든다.

C컬의 펼쳐진 면을 세워 핀컬을 이용하여 임시고정 한다.

꼬기한 모발을 연출되어진 입체면을 감싸며 돌린다.

꼬기의 끝면에 C컬의 입체면을 만들어 안쪽에 핀을 이용하여 고정시킨다. 핀이 보이지 않도록 주의한다.

남겨진 페이스라인의 모발을 아이론을 이용하여 S컬의 웨이브를 넣어준다.

S컬의 웨이브가 완성된 모습이다.

(3) 핀컬 빼기 전의 모습

3. 크리에이티브 업스타일 마무리하기

합습자 평가	
1. 실습한 크리에이티브 업스타일의 이미지는?	
2. 실습한 크리에이티브 업스타일이 어울리는 얼굴형은?	
3. 크리에이티브 업스타일 실습시 사용한 응용기법은?	
4. 볼륨의 위치는 어디인가?	
5. 실습 시 주의사항은?	
6. 실습 후 느낀점은?	

실습 3 ; 상위 3 (분석)

학습 내용(단원명)	수업 목표
크리에이티브 업스타일 실습 상위 3 (분석)	• 이미지 사진을 보고 수업 할 업스타일에 대해 분석할 수 있다.

1. 완성된 사진

2. 크리에이티브 업스타일 디자인 이미지 분석하기

학생들 분석

(1) 이미지

(2) 어울리는 얼굴형

(3) 응용 업스타일 기법

(4) 업스타일 볼륨의 위치

(1) 이미지

안정적인 이미지를 주는 반면, 단조로운 느낌을 줄 수 있으나 간결하고 도시적인 이미지를 연출할 수 있다.

(2) 어울리는 얼굴형

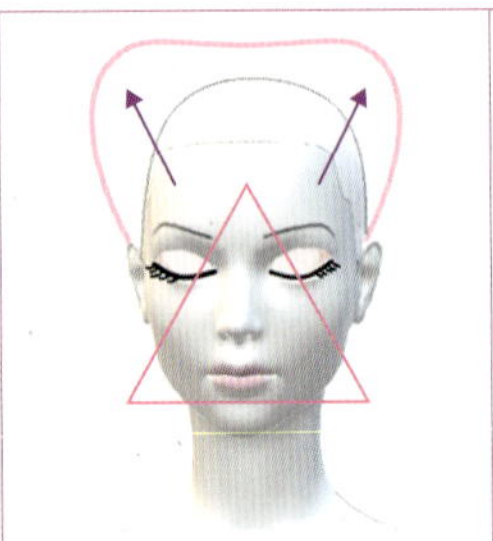	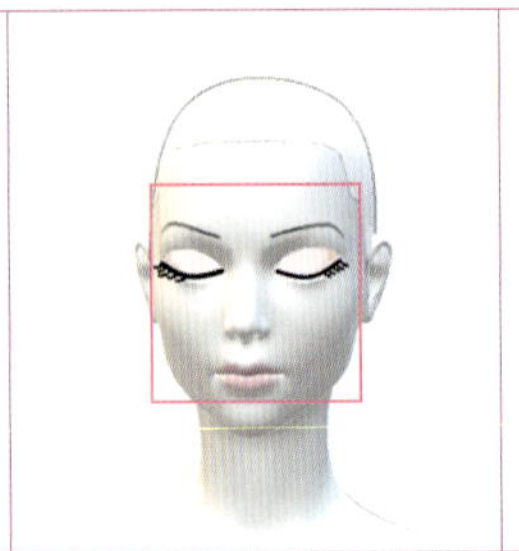	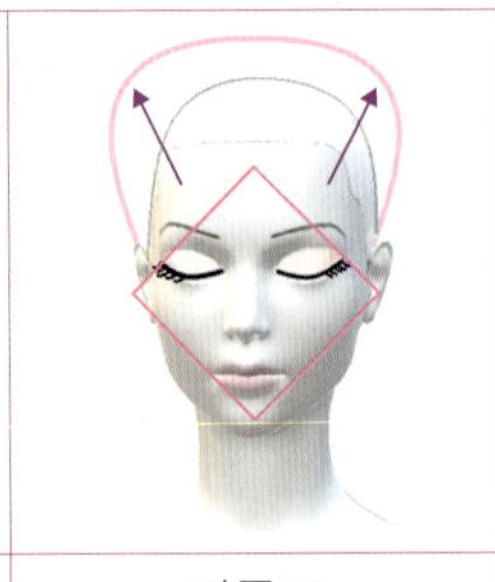
삼각형	사각형	마름모

(3) 응용 업스타일 기법

입면체기법	뱅기법

(4) 업스타일 볼륨의 위치

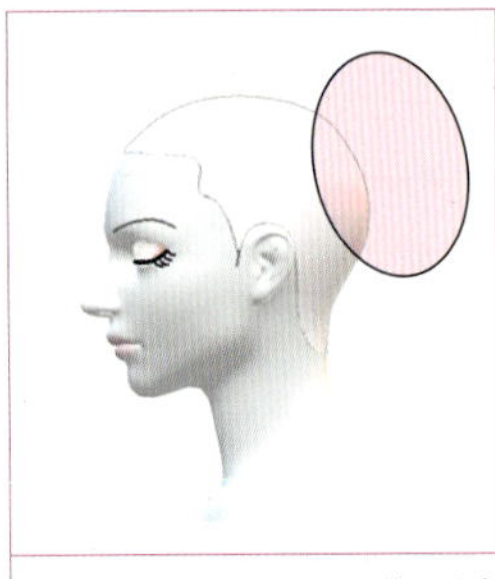	
백포인트(B,P)	

실습 3 ; 상위 3(실습)

학습 내용(단원명)	수업 목표
크리에이티브 업스타일 실습 상위 3(실습)	• 상위 업스타일을 준비할 수 있다. • 상위 업스타일을 진행할 수 있다. • 상위 업스타일을 마무리할 수 있다.

1. 크리에이티브 업스타일 준비하기

(1) 사전작업

- 다이렉트 아이론기를 사용하여 뿌리에 볼륨을 넣어준다.
- 블로우 드라이를 이용하여 S컬의 웨이브를 넣어준다.

(2) 사전지식

- 업스타일을 진행하는 동안 광택제를 이용하여 머리카락을 윤기나게 해준다.
- 업스타일 마무리를 작업 시 임시로 고정시켜 놓은 핀컬을 조심스럽게 제거하고 스프레이로 고정시켜준다.
- 경우에 따라서는 스프레이를 뿌려가며 연출되어진 디자인을 고정시킨다.

(3) 준비하기

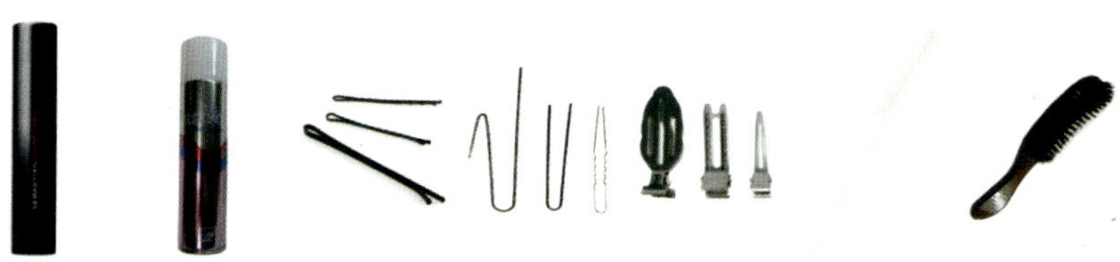

2. 크리에이티브 업스타일 진행하기

(1) 블로킹 나누기 - 4등분

앞머리 가르마 : 눈썹 3/2 지점에서 시작하여 사선으로 T.P지점까지 연결한다.

센터파트 : T.P에서 P.S.P까지 곡선으로 연결한다. 우측 사이드 파트 역할을 한다.

사이드파트 : 우측 사이드는 네이프와 하나의 파트가 되고 좌측 사이드는 T.P에서 E.P에서 2cm뒤 지점까지 일직선으로 연결한다.

골덴파트 : 좌측사이드 T.P와 E.P에서 2cm뒤 지점의 중간에서 G.B.M.P 지점을 꼭지점으로하여 U자 형태로 섹션을 나눠 우측 T.P.S.M.P지점까지 연결한다.

(2) 골덴파트 토대 연출하기

골덴파트를 G.P지점에 포니테일 한다.

G.P지점의 포니테일한 모습이다.

골덴파트의 아래 나머지 머리카락을 위로 빗질하여 옥시피탈(G.P 2cm뒤지점)에 포니테일 해주어 두 개의 묶음을 만든다.

옥시피탈 지점의 묶음의 토대가 골덴파트와 일직선이 되도록 핀으로 고정한다.

옥시피탈 묶은 머리에 입체감을 넣기 위하여 6개의 입체면을 연출하여 준다.

입체면이 완성된 모습이다.

(3) 사이드 연출하기

좌측사이드를 네이프 방향 15° 각도로 내려빗어 판넬을 만든다.

판넬를 C컬을 만들기 위해 위로 방향전환을 한다. 사이드 가르마 T.P지점의 C컬을 중심으로 점차적으로 C컬을 크게 연출한다. 광택제를 뿌려 윤기를 부여한다.

판넬의 가장 아래부분을 손가락을 이용하여 입체면을 만든다.

두 가닥의 입체면을 만들고 판넬을 T.G.M.P지점에서 모아지도록 하여 C컬의 크기를 조절한다.

핀을 이용하여 T.G.M.P에 고정시킨다.

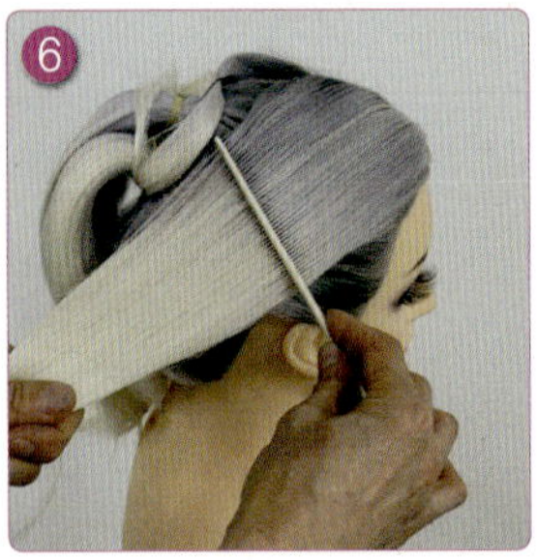

프론드파트의 머리카락을 네이프 방향으로 15°각도로 빗질하여 판넬을 만든다.광택제를 뿌려주어 윤기를 부여한다.

만들어진 판넬을 좌측 위로 방향 전환를 하여 C컬을 만든다.

만들어진 C컬의 판넬에 입체감을 부여하기 위하여 5개의 입체면을 만들어주어 핀컬을 꼽는다.

핀컬을 꼽은 상태에서 스프레이로 고정을 해주고 손가락을 이용해서 입체면을 정리한다.

판넬을 T.G.M.P 지점에서 모아지도록 하고 핀을 이용해 T.G.M.P에 고정시킨다.

판넬의 끝부분을 방향전환하여 펼쳐 C컬을 만든다

펼쳐진 C컬을 손가락을 이용하여 모아뱅의 형태를 만든다.

우측사이드가 완성된 모습이다.

(4) 골덴파트 연출하기

골덴파트에 묶어진 머리카락을 두 개로 나눈다.

나눠진 두 개의 머리를 엇갈리게 방향을 제시해준다.

우측으로 올라온 머리를 우측방향으로 빗질하여 판넬을 만든다.

만들어진 판넬에 광택을 뿌려 윤기를 부여한다.

판넬의 면을 펼쳐서 C컬을 만든다.

판넬에 입체감을 주기 위해 두 개의 입체면을 만들어 핀컬을 임시 고정한다.

판넬의 끝부분을 모아서 뱅 모양을 만들어 준다.

뱅 모양이 완성된 모습이다.

골덴파트의 나머지 머리도 빗질을 하여 판넬로 만든 후 방향전환을 하여 C컬을 만들어 준다.

만들어진 C컬에 광택제를 뿌려 윤기를 부여한다.

손가락으로 위 아래 2개의 입체면을 만들어 핀컬로 고정한다. 판넬의 끝을 모아준다.

모아진 모발을 방향전환하여 뱅 모양을 만들어 S컬이 형성되도록 한다.

13 만들어진 뱅 형태에 핀을 이용하여 고정한다.

14 두 번째 판넬의 완성된 모습이다.

15 옥시피탈 지점에 묶어진 머리를 두 개의 판넬을 만들어 좌측 판넬을 위로 방향 전환를 하여 C컬을 만든다.

16 판넬의 끝부분을 골덴파트에서 만들어 S컬에 연결하여 핀컬로 임시고정한다.

17 두 번째 판넬을 좌측으로 빗질하여 첫 번째 판넬의 C컬을 감싸도록 연출한다.

18 광택제와 스프레이를 뿌리며 고정하고 S컬 나오도록 연출한다.

19 만들어진 S컬에 핀컬을 이용하여 임시고정한다.

(5) 핀컬 빼기 전의 모습

3. 크리에이티브 업스타일 마무리하기

합습자 평가	
1. 실습한 크리에이티브 업스타일의 이미지는?	
2. 실습한 크리에이티브 업스타일이 어울리는 얼굴형은?	
3. 크리에이티브 업스타일 실습시 사용한 응용기법은?	
4. 볼륨의 위치는 어디인가?	
5. 실습 시 주의사항은?	
6. 실습 후 느낀점은?	

Week 11

실습 4 ; 하위 1(분석)

학습 내용(단원명)	수업 목표
크리에이티브 업스타일 실습 하위 1(분석)	• 이미지 사진을 보고 수업 할 업스타일에 대해 분석할 수 있다.

1. 완성된 사진

2. 크리에이티브 업스타일 디자인 이미지 분석하기

학생들 분석

(1) 이미지

(2) 어울리는 얼굴형

(3) 응용 업스타일 기법

(4) 업스타일 볼륨의 위치

(1) 이미지

단아하고 차분하며, 사랑스럽고, 우아한 여성스러움을 돋보이게 하는 스타일을 연출할 수 있다.

(2) 어울리는 얼굴형

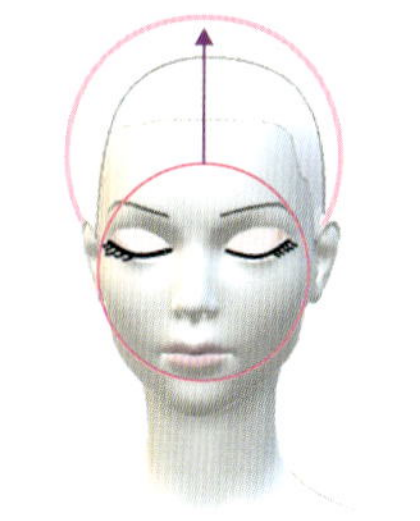	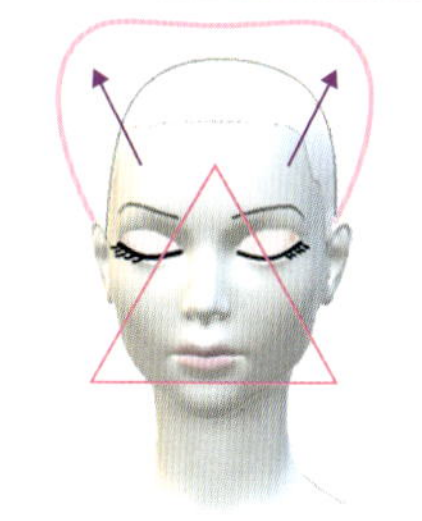	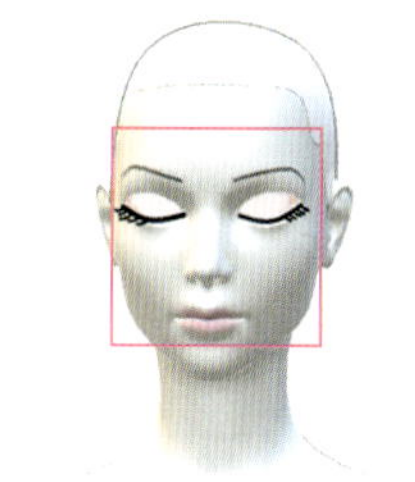	
둥근형	삼각형	사각형	마름모

(3) 응용 업스타일 기법

롤기법	루프기법

(4) 업스타일 볼륨의 위치

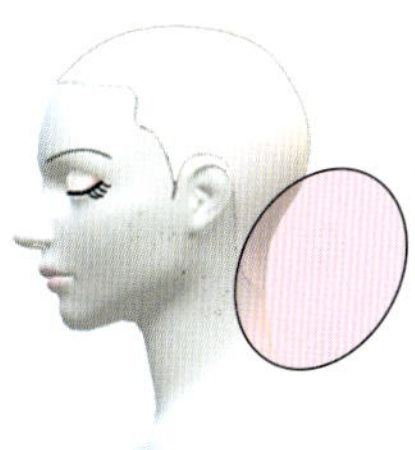	
뒤통수 뼈(Occipital Bone)	

Week 12

실습 4 ; 하위 1(실습)

학습 내용(단원명)	수업 목표
크리에이티브 업스타일 실습 하위 1(실습)	• 하위 업스타일을 준비할 수 있다. • 하위 업스타일을 진행할 수 있다. • 하위 업스타일을 마무리할 수 있다.

1. 크리에이티브 업스타일 준비하기

(1) 사전작업

• 다이렉트 아이론기를 사용하여 뿌리에 볼륨을 넣어준다.

• 블로우 드라이를 이용하여 S컬의 웨이브를 넣어준다.

(2) 사전지식

• 업스타일을 진행하는 동안 광택제를 이용하여 머리카락을 윤기나게 해준다.

• 업스타일 마무리를 작업 시 임시로 고정시켜 놓은 핀컬을 조심스럽게 제거하고 스프레이로 고정시켜준다.

• 경우에 따라서는 스프레이를 뿌려가며 연출되어진 디자인을 고정시킨다.

(3) 준비하기

2. 크리에이티브 업스타일 진행하기

(1) 블로킹 나누기 – 6등분

앞머리 가르마 : 좌측 눈썹의 중앙을 시작으로 T.P지점까지 일직선으로 연결한다.

프론트 : 좌측 T.P지점에서 우측 F.S.P 지점까지 라운드로 연결한다.

좌측사이드 파트 : 좌측가르마 끝지점부터 E.B.P까지 연결한다.

백 좌측사이드 파트 : 사이드 중간지점에서 N.S.P 3cm위 지점까지 라운드로 연결한다.

우측사이드 파트 : 프론트 우측 끝지점부터 E.B.P까지 연결한다.

백 우측사이드 파트 : 사이드 중간지점에서 N.S.P 3㎝위 지점까지 라운드로 연결한다.

네이프의 남겨진 C컬의 모습이다.

(2) 네이프 연출하기

옥시피탈지점에 빗을 이용하여 정리한다.

고무줄을 이용하여 포니테일을 한다.

옥시피탈지점에 포니테일 한 모습이다.

옥시피탈지점에 포니테일 한 모발에 안쪽에 백콤을 넣어준다.

백콤한 모발에 빗을 이용하여 정리하며 면을 펼쳐준다.

펼쳐진 면을 반원 모양의 롤형태를 만들어준다.

롤 형태의 아랫부분을 고무줄을 이용해서 묶어준다.

옥시피탈과 롤의 형태 아랫부분을 포니테일한 모습이다.

묶어진 모발의 끝을 우측으로 돌려 옥시피탈에 위치에 감싸준다.

롤의 양옆을 펼쳐 반원의 모양을 만든다.

만들어진 롤에 핀을 이용하여 고정한다.

완성되어진 롤의 모습이다.

(3) 백사이드 연출하기 좌측

좌측 백사이드의 모발을 펼쳐 판넬을 만든다.

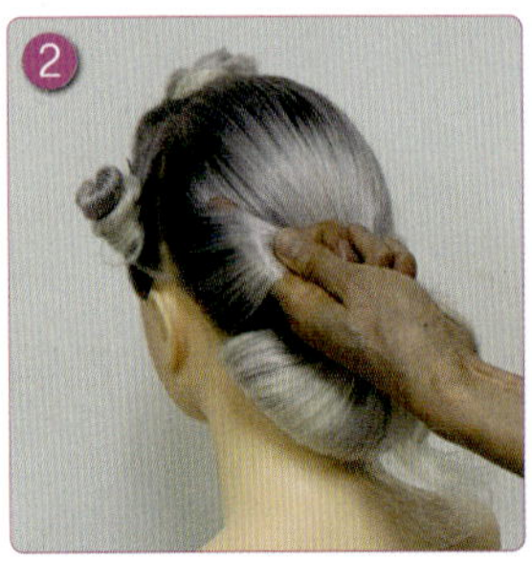

판넬을 손가락을 이용하여 우측으로 회전시켜 루프 형태를 연출한다. 네이프에 만들어진 롤보다 크기보다 작게 두상에 밀착시켜 루프를 만든다.

루프 안쪽에 핀을 이용하여 고정시킨다.

판넬을 우측으로 회전시켜 두 번째 루프를 연출한다. 네이프의 롤의 위에 안착하도록 연출하여 핀을 이용하여 고정한다.

남겨진 판넬이 롤의 중앙에 떨어지도록 루프를 연출한다.

좌측 백사이드의 루프가 완성되어진 모습이다.

좌측과 마찬가지로 판넬을 손가락을 이용하여 좌측으로 회전시켜 루프 형태를 연출한다. 네이프에 만들어진 롤보다 크기보다 작게 두상에 밀착시켜 루프를 만든다.

좌측의 루프와 대칭이 되도록 연출한다.

루프안쪽에 핀을 이용하여 고정시킨다.

판넬을 좌측으로 회전시켜 두 번째 루프를 연출한다. 네이프의 롤의 위에 안착하도록 연출하여 핀을 이용하여 고정한다.

좌측의 루프와 대칭 확인한다.

남겨진 판넬이 롤의 중앙에 떨어지도록 루프를 연출한다.

네이프의 완성된 모습이다.

(4) 사이드 연출하기

1 좌측 사이드파트의 모발을 펼쳐 판넬을 만든다.

2 판넬을 손가락을 이용하여 우측으로 회전시켜 루프 형태를 연출한다. 백사이드의 루프와 연결이 되도록 연출한다.

3 연출되어진 백 사이드의 루프 위로 C컬이 연출되도록 루프를 만든다.

4 루프 안쪽에 핀을 이용하여 고정시킨다.

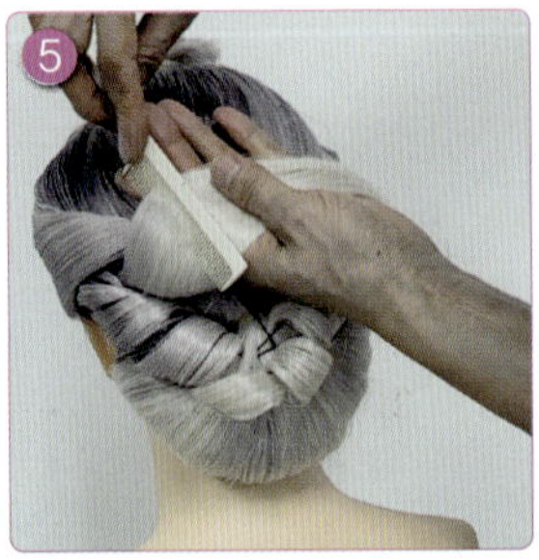

5 판넬을 백사이드의 루프보다 크게 펼쳐준다.

6 판넬을 우측으로 회전시켜 두 번째 루프를 연출한다.

7 백 사이드의 루프 위에 안착하도록 연출한다.

8 사진과 같이 루프안쪽에 핀을 이용하여 고정시킨다.

9 남겨진 판넬이 롤의 중앙에 떨어지도록 루프를 연출한다.

10 우측 사이드파트의 모발을 펼쳐 판넬을 만든다. 판넬을 손가락을 이용하여 좌측으로 회전시켜 루프 형태를 연출한다.

11 백사이드의 루프와 연결이 되도록 연출한다. 좌측의 루프와 대칭이 되도록 연출한다.

12 연출되어진 백 사이드의 루프 위로 C컬이 연출되도록 루프를 만든다. 루프안쪽에 핀을 이용하여 고정시킨다.

판넬을 좌측으로 회전시켜 두 번째 루프를 연출한다. 백 사이드의 루프 위에 안착하도록 연출한다.

백 사이드의 루프 위에 안착하도록 연출한다.

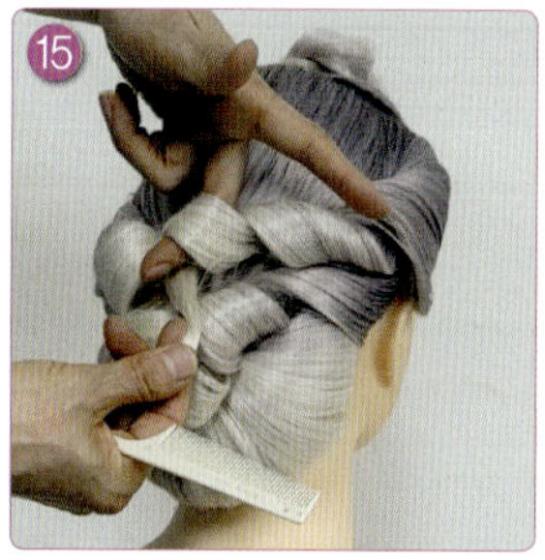

남겨진 판넬이 롤의 중앙에 떨어지도록 루프를 연출한다.

사이드의 완성된 사진이다. 좌·우 대칭을 확인한다.

(5) 프론트 연출하기

프론트의 모발을 두피 안쪽까지 백콤을 넣어 볼륨을 만들어준다.

백 방향으로 빗을 이용하여 펼쳐 판넬을 만들어준다.

판넬을 백 방향으로 한다. 판넬의 아랫지점의 면을 펼쳐 F.S.P위에 C컬을 연출한다. 스프레이를 이용하여 고정한다.

판넬을 탑방향으로 향하게 한다. 판넬의 아랫지점의 면을 연출되어진 루프위에서 크게 펼쳐 두 번째 C컬을 연출한다.

연출되어진 C컬을 핀컬을 이용하여 임시고정시킨다.

C컬의 판넬이 만들어진 모습이다.

판넬을 네이프 방향으로 향하게 한다. 판넬의 윗지점의 면을 펼쳐 탑에 S컬이 연출되도록 한다. 사진과 같이 S컬이 연출되도록 한다.

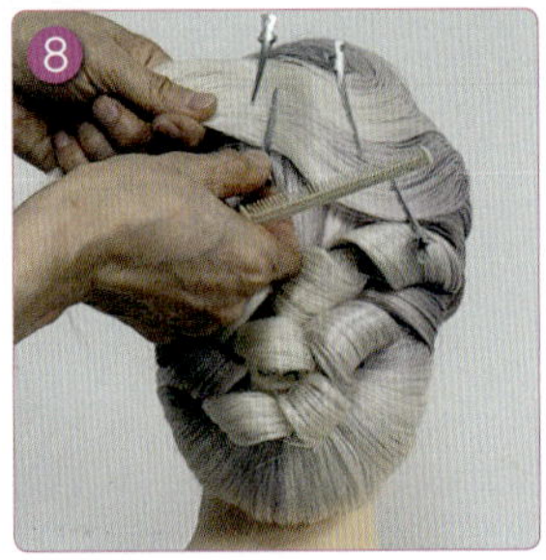

핀컬을 이용하여 S컬을 임시고정한다.

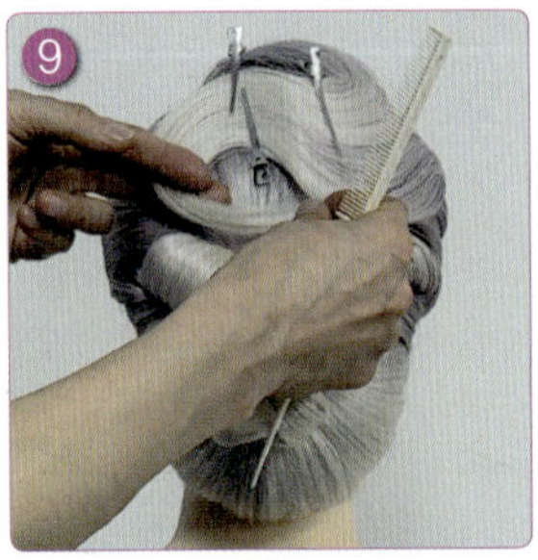

남겨진 판넬을 사진과 같이 면을 펼쳐 S컬의 끝면이 네이프에 연출되어진 루프 중앙에서 끝나도록 연출한다.

3. 크리에이티브 업스타일 마무리하기

합습자 평가	
1. 실습한 크리에이티브 업스타일의 이미지는?	
2. 실습한 크리에이티브 업스타일이 어울리는 얼굴형은?	
3. 크리에이티브 업스타일 실습시 사용한 응용기법은?	
4. 볼륨의 위치는 어디인가?	
5. 실습 시 주의사항은?	
6. 실습 후 느낀점은?	

Week 13 실습 5 ; 하위 2(분석)

학습 내용(단원명)	수업 목표
크리에이티브 업스타일 실습 하위 2(분석)	• 이미지 사진을 보고 수업 할 업스타일에 대해 분석할 수 있다.

1. 완성된 사진

2. 크리에이티브 업스타일 디자인 이미지 분석하기

학생들 분석

(1) 이미지

(2) 어울리는 얼굴형

(3) 응용 업스타일 기법

(4) 업스타일 볼륨의 위치

(1) 이미지

단아하고 차분하며, 사랑스럽고, 우아한 여성스러움을 돋보이게 하는 스타일을 연출할 수 있다.

(2) 어울리는 얼굴형

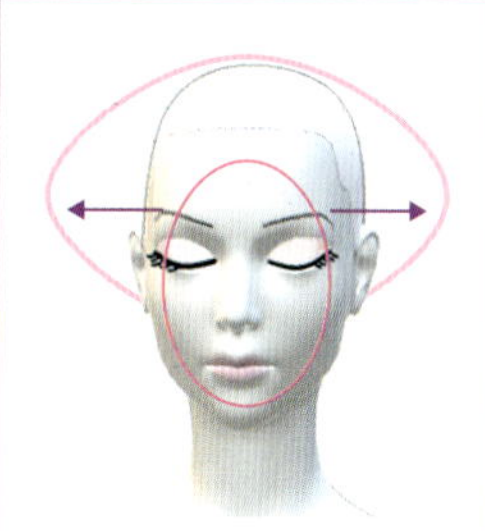	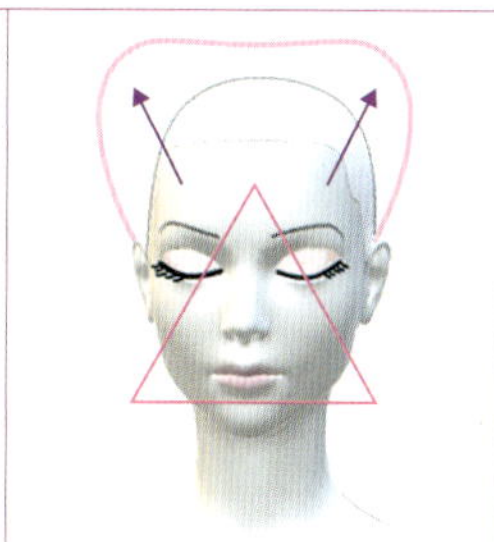
장방형	삼각형

(3) 응용 업스타일 기법

롤기법	루프기법

(4) 업스타일 볼륨의 위치

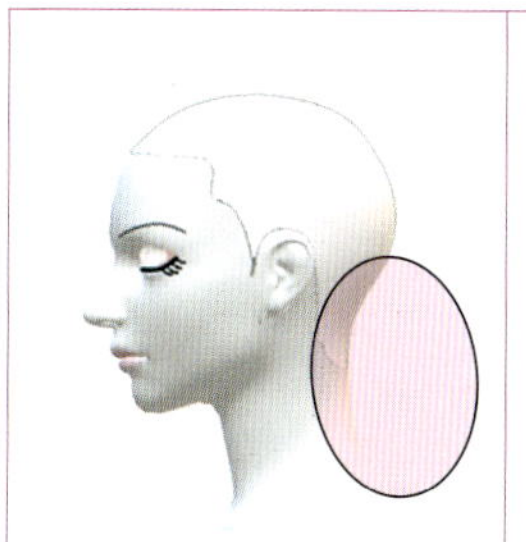 

뒤통수 뼈(Occipital Bone)

Week 14

실습 5 ; 하위 2(실습)

학습 내용(단원명)	수업 목표
크리에이티브 업스타일 실습 하위 2(실습)	• 하위 업스타일을 준비할 수 있다. • 하위 업스타일을 진행할 수 있다. • 하위 업스타일을 마무리할 수 있다.

1. 크리에이티브 업스타일 준비하기

(1) 사전작업

- 다이렉트 아이론기를 사용하여 뿌리에 볼륨을 넣어준다.
- 블로우 드라이를 이용하여 S컬의 웨이브를 넣어준다.

(2) 사전지식

- 업스타일을 진행하는 동안 광택제를 이용하여 머리카락을 윤기나게 해준다.
- 업스타일 마무리를 작업 시 임시로 고정시켜 놓은 핀컬을 조심스럽게 제거하고 스프레이로 고정시켜준다.
- 경우에 따라서는 스프레이를 뿌려가며 연출되어진 디자인을 고정시킨다.

(3) 준비하기

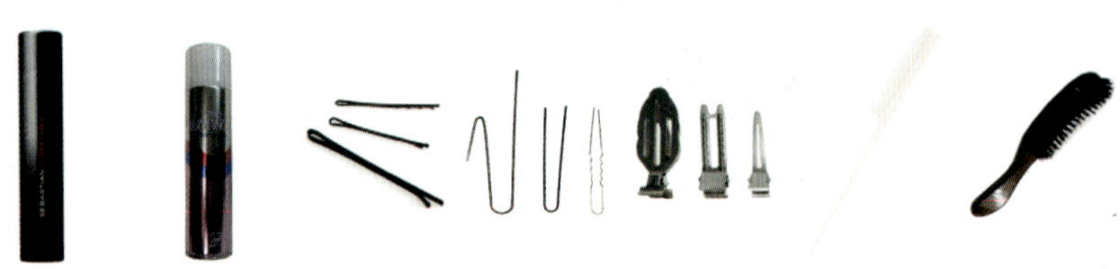

2. 크리에이티브 업스타일 진행하기

(1) 블로킹 나누기 – 4등분

앞머리 가르마 : 좌측눈썹 중앙에서 시작하여 T.P까지 일직선으로 나눈 좌측 사이드 가르마로 한다.

센타파트 : 왼쪽 사이드 끝 지점(T.P)에서 곡선을 그리며 사선으로 P.S.P지점까지 연결한다.

사이드파트 : T.P에서 E.B.P까지 연결하여 양쪽의 사이드로 나눈다.

(2) 네이프 연출하기

옥시피탈(B.P,2cm 아래지점)에서 포니테일한다.

포니테일한 머리를 반으로 나눈다.

반으로 나눈 머리 중 좌측 머리를 반으로 나누어 두 가락의 패널을 만들어준다.

두 가닥의 패널을 이용하여 꼬기를 한다.

꼬기를 한 머리의 한쪽 패널 면을 손가락을 이용하여 C컬이 나오도록 펼쳐준다. 펼쳐놓은 C컬을 핀컬을 이용하여 임시고정시킨다.

펼쳐진 면의 C컬이 위쪽으로 오도록 하며 오른쪽 N.C.P에 고정한다.

남겨진 오른쪽 머리를 반으로 나눠어 두가닥의 패널를 만든다.

좌측과 마찬가지로 두 가닥의 패널을 이용하여 꼬기를 한다.

좌측과 마찬가지로 꼬기를 한 머리의 한쪽 패널 면을 펼쳐주며 C컬을 만들어준다.

펼쳐진 면의 C컬이 위쪽이 오도록 하며 ⑥의 머리위로 올려 좌측 N.C.P지점에 고정한다. 펼쳐놓은 C컬을 핀컬을 이용하여 임시 고정시킨다.

B.P위에 놓여진 C컬을 아래에 연출되어진 C컬과 조화를 이루며 정리한다. 핀컬을 이용하여 C컬을 임시 고정시킨다.

네이프의 완성된 모습이다.

(3) 사이드 연출하기

좌측의 머리를 두가닥으로 나누어 두가닥의 패널을 만들어 네이프와 같이 꼬기를 한다.

꼬기를 한 머리를 손가락을 이용하여 한쪽 패널 펼쳐주며 C컬을 만들어 준다. 단, 네이프에 연출되어진 C컬과 어울려지도록 연출한다.

네이프에 연출되어진 C컬 위로 연결하며 패널의 한쪽 면을 펼치며 C컬를 반복하여 연출한다. 펼쳐놓은 C컬을 핀컬을 이용하여 임시 고정시킨다.

우측 E.B.P아래 지점까지 계속해서 C컬을 만들어 핀으로 고정한다. 단, 펼쳐진 C컬의 면이 위로 보이도록 하여 볼륨을 만들어낸다.

좌측과 마찬가지로 우측도 두가닥으로 나누어 두 개의 패널을 만든다.

만들어진 두 개의 패널을 이용하여 꼬기를 한다.

좌측과 마찬가지로 손가락을 이용하여 면을 펴쳐 C컬을 만들어가며 볼륨감을 준다. 펼쳐놓은 C컬을 핀컬을 이용하여 임시 고정시킨다.

만들어진 C컬의 패널을 ④의 위로 올려 C컬이 어울리도록 연출하며 좌측 E.B.P아래 지점에 핀으로 고정한다.

사이드의 완성된 모습이다.

(4) 프론트 연출하기

남겨진 프론트 전체를 빽콤을 이용하여 볼륨을 넣어준다.

빽콤이 넣어진 머리를 깨끗하게 빗질하여 정리하며 볼륨의 높이를 정한다.

볼륨의 높이가 정한후 핀컬을 이용하여 우측 T.G.M.P지점에 임시고정을 시킨다.

스프레이를 뿌려 고정을 시킨후 왼손을 이용해서 핀컬의 위치를 고정시키고 밑으로 떨어진 머리를 좌측으로 꼬기기를 하며 곡선을 그린다. 양감의 주기 위해 면의 높낮이를 다르게 한다.

완성된 모습이다.

3. 크리에이티브 업스타일 마무리하기

합습자 평가	
1. 실습한 크리에이티브 업스타일의 이미지는?	
2. 실습한 크리에이티브 업스타일이 어울리는 얼굴형은?	
3. 크리에이티브 업스타일 실습시 사용한 응용기법은?	
4. 볼륨의 위치는 어디인가?	
5. 실습 시 주의사항은?	
6. 실습 후 느낀점은?	

Week 15 실습 6 ; 하위 3

학습 내용(단원명)	수업 목표
크리에이티브 업스타일 실습 하위 3	• 이미지사진을 보고 수업할 업스타일에 대해 분석할 수 있다. • 하위 업스타일을 준비할 수 있다. • 하위 업스타일을 진행할 수 있다. • 하위 업스타일을 마무리할 수 있다.

1. 완성된 사진

2. 크리에이티브 업스타일 디자인 이미지 분석하기

(1) 이미지

여성적이고 로맨틱한 이미지를 가짐과 동시에 내츄럴하며, 귀여운 이미지가 돋보이게 하는 스타일을 연출할 수 있다.

(2) 어울리는 얼굴형

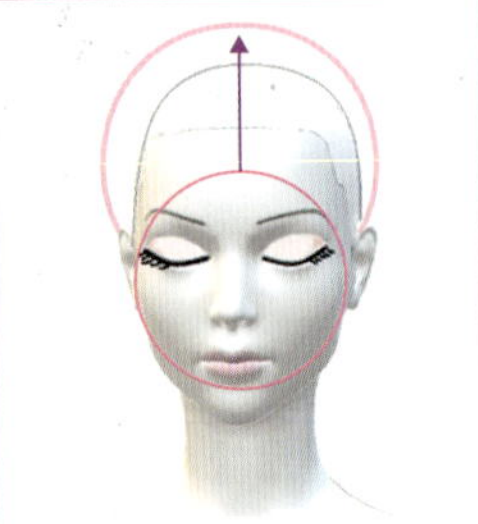	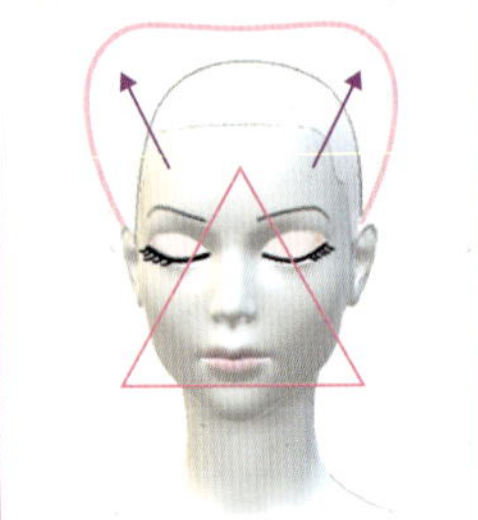	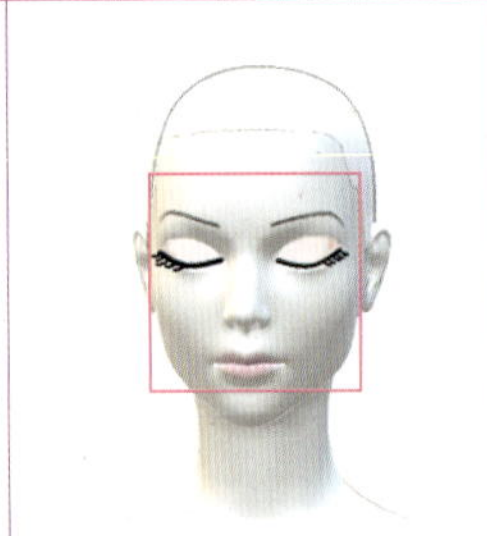	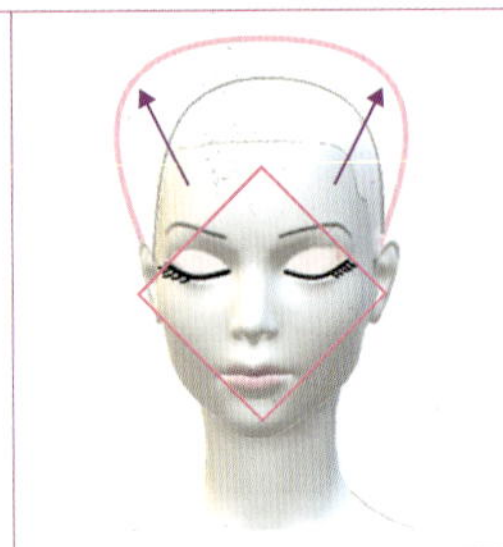
둥근형	삼각형	사각형	마름모

(3) 응용 업스타일 기법

입체면기법	땋기기법

(4) 업스타일 볼륨의 위치

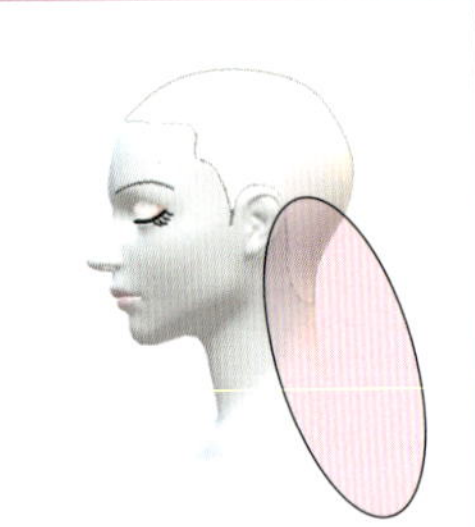	
네이프포인트(N,P)아래	

3. 크리에이티브 업스타일 준비하기

(1) 사전작업

- 다이렉트 아이론기를 사용하여 뿌리에 볼륨을 넣어준다.
- 블로우 드라이를 이용하여 S컬의 웨이브를 넣어준다.

(2) 사전지식

- 업스타일을 진행하는 동안 광택제를 이용하여 머리카락을 윤기나게 해준다.
- 업스타일 마무리를 작업 시 임시로 고정시켜 놓은 핀컬을 조심스럽게 제거하고 스프레이로 고정시켜준다.
- 경우에 따라서는 스프레이를 뿌려가며 연출되어진 디자인을 고정시킨다.

(3) 준비하기

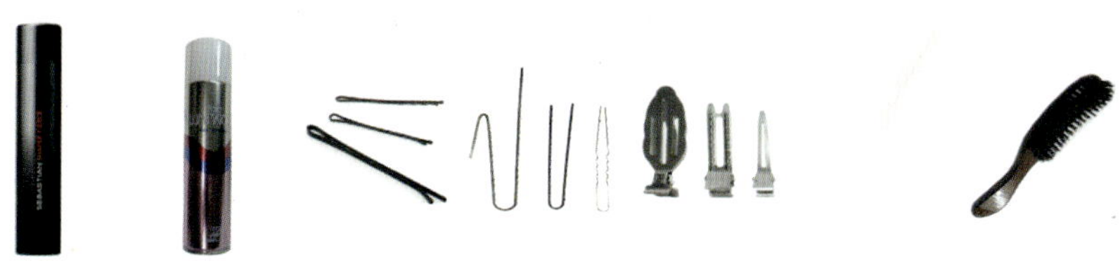

4. 크리에이티브 업스타일 진행하기

(1) 블로킹 나누기 – 2등분

E.P에서 T.P까지 반대편 E.P까지 일직선이 아닌 지그재그로 2등분으로 나눈다.

(2) 프론트 연출하기

프론트의 모발을 T.P지점에 모아준다. F.S.P, S.C.P 양쪽 지점에 모발을 한가닥씩 남겨놓는다.

T.P에 모아진 모발을 우측 방향으로 회전시켜 꼬기를 한다.

모아진 모발에 입체감을 넣어주기 위하여 면을 뽑아 세워주는 입체면을 연출한다.

일정한 간격으로 입체면을 넣어준다.

꼬기의 안쪽에 핀을 이용하여 고정을 시켜준다.

탑에 모아진 모발의 모습이다.

광택제를 뿌려주며 면을 매끄럽게 정리해준다.

면을 일정하게 만들어주면서 U핀을 이용하여 임시고정시켜준다.

남겨진 머리카락을 아이롱기를 이용하여 S컬을 만들어준다.

프론트 파트가 완성된 모습이다.

(3) 후두부 연출하기

후두부를 사진과 같이 세로 3등분을 나눈다.

프론트에서 넘어온 모발을 3가닥으로 나누어 겉땋기를 시작한다.

꼬리빗을 이용하여아래의 양면에 섹션을 떠서 모발을 끌어 3가닥 겉땋기를 한다.

3가닥 겉땋기를 하는 모습이다.

3번의 겉땋기를 한 후 땋기의 겹쳐진 면을 펼쳐 C컬을 만들어준다.

손가락을 이용하여 면을 얇게 펼쳐 C컬을 만들어 주어야한다.

면을 펼치는 모습이다.

만들어진 C컬의 패널을 ④의 위로 올려 C컬이 어울리도록 연출하며 좌측 E.B.P아래 지점에 핀으로 고정한다.

후두부의 중앙에 완성된 3가닥 겉땋기에 C컬을 연출한 모습이다.

C컬이 만들어진 면에 율동감을 넣어주기 위해 광택제를 뿌려주며 면을 정리하여 준다.

핀컬을 이용하여 C컬의 모양을 만들어 임시고정시킨다.

핀컬을 이용하여 C컬을 만드는 모습이다.

C컬을 일정하게 연출하여 S컬의 형태가 나오도록 연출한다.

S컬이 연출되는 모습이다.

좌측의 모발을 3가닥으로 나누어 겉땋기를 한다.

아래의 양면에 섹션을 떠서 모발을 끌어 3가닥 겉땋기를 한다.

3가닥 겉땋기를 하는 모습이다.

3번의 겉땋기를 한 후 땋기의 겹쳐진 면을 펼쳐 C컬을 만들어준다.

손가락을 이용하여 면을 얇게 펼쳐 C컬을 만들어 주어야한다.

땋기가 끝나고 모발의 끝을 백콤을 이용하여 고정시켜준다.

후두부의 좌측 사이드에 완성된 3가닥 겉땋기에 C컬을 연출한 모습이다.

C컬이 만들어진 면에 율동감을 넣어주기 위해 광택제를 뿌려주며 면을 정리하여 준다.

핀컬을 이용하여 C컬을 만드는 모습이다.

S컬이 연출되는 모습이다.

우측의 모발을 3가닥으로 나누어 겉땋기를 한다.

아래의 양면에 섹션을 떠서 모발을 끌어 3가닥 겉땋기를 한다.

3번의 겉땋기를 한 후 땋기의 겹쳐진 면을 펼쳐 C컬을 만들어준다.

손가락을 이용하여 면을 얇게 펼쳐 C컬을 만들어 주어야한다.

손가락을 이용하여 면을 얇게 펼쳐 C컬을 만들어 주어야한다.

3칸의 면이 펼쳐지면 또다시 반복하여 모발을 끌어 연결하는 3가닥 겉땋기를 한다.

핀컬을 이용하여 C컬을 만드는 모습이다.

S컬이 연출되는 모습이다.

남겨진 모발의 끝을 하나로 모아준다.

모발끝을 안으로 넣어주고 핀으로 고정한다.

완성된 모습이다.

(4) 핀컬 빼기 전의 모습

3. 크리에이티브 업스타일 마무리하기

합습자 평가	
1. 실습한 크리에이티브 업스타일의 이미지는?	
2. 실습한 크리에이티브 업스타일이 어울리는 얼굴형은?	
3. 크리에이티브 업스타일 실습시 사용한 응용기법은?	
4. 볼륨의 위치는 어디인가?	
5. 실습 시 주의사항은?	
6. 실습 후 느낀점은?	

부록 크리에이티브 응용업스타일 실습

1. 실습 7

2. 실습 8

3. 실습 9

실습 10

5. 실습 11

6. 실습 12

7. 실습 13

8. 실습 14

9. 실습 15

10. 실습 16

11. 실습 17

12. 실습 18

13. 실습 19

참고 문헌

- 고경숙 외, "최신 NCS 기반 블로우 드라이&아이론 헤어스타일링", 훈민사, 2017.
- 김성남 외, "미용학개론", 고문사, 2015.
- 김옥연 외, "미용문화사", 메디시언, 2014.
- 김환 외, "업스타일 정석", 광문각, 2013.
- 김환, "열두손가락 업스타일(기술편)", 도원비앤씨, 2004.
- 노정애 외, "업스타일", 서울교과서, 2009.
- 박은준 외, "크리에이티브 업스타일", 메디시언, 2018.
- 서원숙, "업스타일의 관한 모든 것", 메디시언, 2018.
- 오영애 외, "헤어하이레벨미용장 대학교재용 실기교본", 푸른출판사, 2017.
- 오지영 외, "뷰티아트 디자인 발상", 구민사, 2018.
- 전선정 외, "미용미학과 미용문화사", 청구문화사, 2002.
- 한국미용장협회, "미용장실기", 청구문화사, 2009.
- http://contents2.kocw.or.kr/KOCW/document/2017/wonkwang/choinayoung/7.pdf
- https://amkorinstory.com/744
- https://blog.naver.com/horong95/130032891965
- https://blog.naver.com/sjeonsoyoung/221521830267
- https://blog.naver.com/yoooong1111/220382836844
- https://terms.naver.com/entry.nhn?docId=4368524&cid=59926&categoryId=59926

Creative Upstyle
크리에이티브 업스타일

1판 1쇄 인쇄 | 2021년 8월 20일
1판 1쇄 발행 | 2021년 8월 25일

지은이 | 권기형 · 정웅경 · 오지영

발행인 | 주병오 · 주민기

발행처 | 메디시인

등록번호 | 제 406-2006-000045호
등록일자 | 2005년 2월 16일

경기도 파주시 회동길 209 (파주출판도시)
대표전화 031-955-2777, 팩시밀리 031-955-7730

ISBN 979-11-90839-31-0
값 23,000원

※ 파본은 구입하신 서점에서 바꾸어 드립니다.
※ 본서의 무단복제 또는 복사는 저작권법 침해이오니
절대 삼가시기 바랍니다.